C语言程序设计

孟爱国　　左利芳　　编著

海南出版社

·海口·

图书在版编目（CIP）数据

C 语言程序设计 / 孟爱国，左利芳编著 . —海口：海南出版社，2016.3（2021.8 重印）

ISBN 978-7-5443-6552-9

Ⅰ . ①C… Ⅱ . ①孟… ②左… Ⅲ . ①C 语言—程序设计 Ⅳ . ①TP312

中国版本图书馆 CIP 数据核字（2016）第 046350 号

C 语言程序设计
C YUYAN CHENGXU SHEJI

孟爱国　　左利芳　编著

责任编辑：古　华

封面设计：吴守林

出版发行：海南出版社

地　　址：海口市金盘开发区建设三横路 2 号

邮　　编：570216

电　　话：0898—66830929（海口）

　　　　　　0731—84880845（长沙）

网　　址：http：//www．hncbs．cn

印刷装订：长沙雅鑫印务有限公司

开　　本：787 毫米×1092 毫米　　1/16

印　　张：19.75

字　　数：524 千字

版　　次：2016 年 3 月第 1 版

印　　次：2021 年 8 月第 5 次印刷

书　　号：ISBN 978-7-5443-6552-9

定　　价：45.00 元

目 录

第一部分 《C语言程序设计》综合练习

第二部分　C语言程序设计案例

第三部分 附 录

第一部分

《C 语言程序设计》综合练习

第 1 章 C 语言程序设计概述

一、选择题

1. 以下叙述中正确的是(　　)。
   - A. C 语言程序中注释部分可以出现在程序中任意合适的地方
   - B. 花括号"{"和"}"只能作为函数体的定界符
   - C. 构成 C 语言程序的基本单位是函数,所有函数名都可以由用户命名
   - D. 分号是 C 语言语句之间的分隔符,不是语句的一部分

2. 以下叙述中错误的是(　　)。
   - A. 用户所定义的标识符允许使用关键字
   - B. 用户所定义的标识符应尽量做到"见名知意"
   - C. 用户所定义的标识符必须以字母或下划线开头
   - D. 用户所定义的标识符中,大、小写字母代表不同标识

3. 下列关于 C 语言用户标识符的叙述中正确的是(　　)。
   - A. 用户标识符中可以出现下划线和中划线(减号)
   - B. 用户标识符中不可以出现中划线,但可以出现下划线
   - C. 用户标识符中可以出现下划线,但不可以放在用户标识符的开头
   - D. 用户标识符中可以出现下划线和数字,它们都可以放在用户标识符的开头

4. 以下关于 C 语言标识符的描述中,正确的是(　　)。
   - A. 标识符可以由汉字组成
   - B. 标识符只能以字母开头
   - C. 关键字可以作为用户标识符
   - D. Area 与 area 是不同的标识符

5. 以下叙述正确的是(　　)。
   - A. 在 C 语言中,main 函数必须位于文件的开头
   - B. C 语言每行只能写一条语句
   - C. C 语言本身没有输入、输出语句
   - D. 对一个 C 语言程序进行编译预处理时,可检查宏定义的语法错误

6. 下面说法正确的是(　　)。
   - A. C 语言程序由符号构成
   - B. C 语言程序由标识符构成
   - C. C 语言程序由函数构成
   - D. C 语言程序由 C 语言构成

7. 以下叙述不正确的是(　　)。
   - A. 一个 C 语言源程序可以由一个或多个函数组成

B. 一个 C 语言源程序必须包含一个 main 函数

C. C 语言程序的基本组成单位是函数

D. 在 C 语言程序中，注释说明只能位于一条语句的后面

8. C 语言规定：在一个源程序中，main 函数的位置（   ）。

　　A. 必须在最开始　　　　　　　　　B. 必须在系统调用的库函数的后面

　　A. 可以任意　　　　　　　　　　　D. 必须在最后

9. 以下不能定义为用户标识符的是（   ）。

　　A. scanf　　　　　B. Void　　　　　　C. _ 3com　　　　D. int

10. 以下不合法的用户标识符是（   ）。

　　A. j2_ KEY　　　　B. Double　　　　　C. 4d　　　　　D. _ 8_

11. 下列四组选项中，均不是 C 语言关键字的选项是（   ）。

　　A. define　　　　B. getc　　　　　C. include　　　　D. while

　　　IF　　　　　　　char　　　　　　scanf　　　　　　go

　　　type　　　　　　printf　　　　　case　　　　　　pow

12. 以下不能定义为用户标识符的是（   ）。

　　A. Main　　　　　B. _ 0　　　　　　C. _ int　　　　　D. sizeof

13. 以下不合法的用户标识符是（   ）。

　　A. j2_ KEY　　　　B. Double　　　　　C. 4d _ 8_　　　　D. main

14. 以下选项中合法的用户标识符是（   ）。

　　A. long　　　　　B. _ 2Test　　　　C. 3Dmax　　　　D. A. dat

15. 以下选项中不合法的用户标识符是（   ）。

　　A. abc. c　　　　　B. file　　　　　C. Main　　　　　D. Printf

16. 以下选项中不合法的用户标识符是（   ）。

　　A. _ 12Ab　　　　B. include　　　　C. 3abc　　　　　D. Int

17. 以下叙述中正确的是（   ）。

　　A. 可以把 define 和 if 定义为用户标识符

　　B. 可以把 define 定义为用户标识符，但不能把 if 定义为用户标识符

　　C. 可以把 if 定义为用户标识符，但不能把 define 定义为用户标识符

　　D. define 和 if 都不能定义为用户标识符

18. 一个 C 语言程序的执行是从（   ）。

　　A. 本程序的 main 函数开始，到 main 函数结束

　　B. 本程序文件中的第一个函数开始，到本程序文件的最后一个函数结束

　　C. 本程序的 main 函数开始，到本程序文件的最后一个函数结束

　　D. 本程序文件的第一个函数开始，到本程序 main 函数结束

19. C 语言程序的基本单位是（   ）。

　　A. 程序行　　　　B. 语句　　　　　C. 函数　　　　　D. 字符

20. 以下叙述中正确的是(　　)。

    A. 程序应尽可能短

    B. 为了编程的方便，应当根据编程人员的意图使程序的流程随意转移

    C. 虽然注释会占用较大篇幅，但程序中还是应尽可能详细地注释

    D. 在 VC 环境下，运行的程序就是源程序

二、填空题

1. C语言程序是由函数构成的，其中有且只有_____个主函数。C语言程序的执行总是由_____函数开始，并且在_____函数中结束。

2. C语言源程序文件的扩展名是_____；经过编译后，生成的扩展名是_____；经过连接后，生成的扩展名是_____。

3. C语言的函数体由_____开始，用符号_____结束；函数体的前面是_____部分，其后是_____部分。

4. 一个C语言源程序中至少应包括一个_____。

5. C语言程序的注释是以_____开头，以_____结束的。注释对程序_____不起任何作用。

三、编程题

1. 请分别编写能显示以下内容的C语言程序。

（1）Programming Language

（2）＊＊＊＊＊＊＊＊＊＊＊＊＊＊

      Welcome

    ＊＊＊＊＊＊＊＊＊＊＊＊＊＊

2. 编写程序，输入2个整数，求它们的和、差、积、商。

第2章 数据类型与表达式

一、选择题

1. 以下选项中不属于 C 语言的类型的是( )。

    A. signed short int   B. unsigned long int

    C. unsigned int   D. long short

2. 以下选项中可作为 C 语言合法整数的是( )。

    A. 10110B   B. 0386   C. 0xffa   D. x2a2

3. 以下选项中合法的实型常数是( )。

    A. 5E2.0   B. E − 3   C. 2E0   D. 1.3E

4. 以下选项中属于 C 语言的数据类型的是( )。

    A. 复数型   B. 逻辑型   C. 双精度型   D. 集合型

5. 以下选项中合法的字符常量是( )。

    A. "B"   B. ' \ 010'   C. 68   D. D

6. 下面正确的字符常量是( )。

    A. "c"   B. ' \ \ '   C. 'W'   D. ' '

7. 下面不正确的字符串常量是( )。

    A. 'abc'   B. "12 '12"   C. "0"   D. ""

8. 在 C 语言中，char 型数据在内存中的存储形式是( )。

    A. 补码   B. 反码   C. 原码   D. ASCII 码

9. 以下所列的 C 语言常量中，错误的是( )。

    A. 0xFF   B. 1. 2e0. 5   C. 2L   D. ' \ 72'

10. 表达式 3.6 − 5/2 + 1.2 + 5%2 的值是( )。

    A. 4. 3   B. 4. 8   C. 3. 3   D. 3. 8

11. 有以下定义语句：double a，b；int w；long c；若各变量已正确赋值，则以下选项中正确的表达式是( )。

    A. a = a + b = b ++   B. w% （ （int） a + b)

    C. （c + w)% （int） a   D. w = a% b

12. 有以下程序

    #include ＜stdio. h＞

    main （ ）

```
{ int m = 12, n = 34;
  printf ("%d%d", m++, n++);
  printf ("%d%d\n", n++, ++m);
}
```

程序运行后的输出结果是( )。

A. 12353514   B. 12353513   C. 1234 3514   D. 12343513

13. 有以下程序

```
#include <stdio.h>
main ()
{ int a1 = 3, a2 = 9;
  printf ("%d\n", (a1, a2));
}
```

以下叙述中正确的是( )。

A. 程序输出 3   B. 程序输出 9

C. 格式说明符不足,编译出错   D. 程序运行时产生错误信息

注意:与 printf ("%d\n", a1, a2) 的区别。

14. 有以下程序

```
#include <stdio.h>
main ()
{ int x, y, z;
  x = y = 1;
  z = x++, y++, ++y;
  printf ("%d,%d,%d\n", x, y, z);
}
```

程序运行后的输出结果是( )。

A. 2, 3, 3   B. 2, 3, 2   C. 2, 3, 1   D. 2, 2, 1

15. 若有定义:int a = 8, b = 5, c;执行语句 "c = a/b + 0.4;" 后,c 的值为( )。

A. 1.4   B. 1   C. 2.0   D. 2

16. 若变量 a 是 int 类型,并执行了语句:a = 'A' + 1.6;则正确的叙述是( )。

A. a 的值是字符 C

B. a 的值是浮点型

C. 不允许字符型和浮点型相加

D. a 的值是字符 'A' 的 ASCII 值加上 1

17. 下列语句中,正确的语句是( )。

A. int x = y = z = 0;   B. int z = (x + y) ++;

C. x = +3 = =2;   D. x% = 2.5;

18. 以下能正确地定义整型变量 a，b 和 c，并为它们赋初值 5 的语句是（　　）。

　　A. int a = b = c = 5；　　　　　　　　B. int a，b，c = 5；

　　C. int a = 5，b = 5，c = 5；　　　　　D. a = b = c = 5；

19. 已知各变量的类型说明如下：

int k，a，b；

unsigned long w = 5；

double x = 1.42；

则以下不符合 C 语言语法的表达式是（　　）。

　　A. x% （ −3）　　　　　　　　　　　B. w + = −2

　　C. k = （a = 2，b = 3，a + b）　　　　D. a + = a − = （b = 4） * （a = 2）

20. 若有说明语句：char c = ' \ 72'；则变量 c （　　）。

　　A. 包含 1 个字符　　　　　　　　　　B. 包含 2 个字符

　　C. 包含 3 个字符　　　　　　　　　　D. 说法不合法，c 的值不确定

21. 假定 w、x、y、z、m 均为 int 型变量，有如下程序段：

w = 1；x = 2；

y = 3；z = 4；

m = （w < x）？ w：x；

m = （m < y）？ m：y；

m = （m < z）？ m：z；

则该程序运行后，m 的值是（　　）。

　　A. 4　　　　　　　　B. 3　　　　　　　　C. 1　　　　　　　　D. 2

22. 若 x、i、j 和 k 都是 int 型变量，则计算下面表达式 x = （i = 4，j = 16，k = 32）后，x 的值为（　　）。

　　A. 4　　　　　　　　B. 16　　　　　　　C. 32　　　　　　　D. 52

23. 假设所有变量均为整型，则表达式 （a = 2，b = 5，b ++，a + b）的值是（　　）。

　　A. 7　　　　　　　　B. 8　　　　　　　　C. 6　　　　　　　　D. 2

24. 设以下变量均为 int 型，则值不等于 7 的表达式是（　　）。

　　A. （x = y = 6，x + y，x + 1）　　　　B. （x = y = 6，x + y，y + 1）

　　C. （x = 6，x + 1，y = 6，x + y）　　　D. （y = 6，y + 1，x = y，x + 1）

25. 下面关于运算符优先顺序的描述中正确的是（　　）。

　　A. 关系运算符 < 算术运算符 < 赋值运算符 < 逻辑与运算符

　　B. 逻辑与运算符 < 关系运算符 < 算术运算符 < 赋值运算符

　　C. 赋值运算符 < 逻辑与运算符 < 关系运算符 < 算术运算符

　　D. 算术运算符 < 关系运算符 < 赋值运算符 < 逻辑与运算符

26. 若有代数式 $\dfrac{3ae}{bc}$，则不正确的 C 语言表达式是（　　）。

A. a/b/c＊e＊3　　　B. 3＊a＊e/b/c　　　C. 3＊a＊e/b＊c　　　D. a＊e/c/b＊3

27. 已知字母 A 的 ASCII 码为十进制数 65，且 c2 为字型符，则执行语句 c2 = 'A' + '6' − '3' 后，c2 的值是(　　)。

　　A. /　　　　　　　B. 68　　　　　　　C. 不确定的值　　　　D. D

28. 若以下变量均是整型，且 num = sum = 7；则计算表达式 sum = num ++，sum ++，++ num；后 sum 的值为(　　)。

　　A. 7　　　　　　　B. 8　　　　　　　C. 9　　　　　　　D. 10

29. 设 a、b、c、d、m、n 均为 int 型变量，且 a = 5，b = 6，c = 7，d = 8，m = 2，n = 2，则逻辑表达式（m = a > b）&&（n = c < d）运算后，n 的值为(　　)。

　　A. 0　　　　　　　B. 1　　　　　　　C. 2　　　　　　　D. 3

30. 若有定义：int a = 7；float x = 2.5，y = 4.7，则表达式 x + a%3 ＊（int）（x + y）% 2/4 的值是(　　)。

　　A. 2.500000　　　B. 2.750000　　　C. 3.500000　　　D. 0.000000

31. 设 x，y，z 和 k 都是 int 型变量，则执行表达式：x =（y = 4，z = 16，k = 32）后，x 的值为(　　)。

　　A. 4　　　　　　　B. 16　　　　　　　C. 32　　　　　　　D. 52

32. 表示关系 X ＜ ＝Y ＜ ＝Z 的 C 语言表达式为(　　)。

　　A.（X ＜ ＝Y）&&（Y ＜ ＝Z）　　　　　B.（X ＜ ＝Y）AND（Y ＜ ＝Z）

　　C.（X ＜ ＝Y ＜ ＝Z）　　　　　　　　D.（X ＜ ＝Y）&（Y ＜ ＝Z）

33. 运行结果为 4 的表达式是(　　)。

　　A. int i = 0，j = 1；(i = 3，(++j ＞ +1))

　　B. int i = 0，j = 1；(j = =1)?/(i = 1)：(i = 3)

　　C. int i = 1，j = 1；i += j += 2；

　　D. int i = 1，j = 0；j = i =（（i = 3）＊2）；

34. 运行表达式（a = 3＊5，a＊5）后，a + 5 的值是(　　)。

　　A. 20　　　　　　　B. 80　　　　　　　C. 15　　　　　　　D. 不能确定

35. 设有整型变量 a，b，c，它们的初值是 1，运行表达式 ++a‖ ++b&& ++c 后，a，b，c 的值分别是(　　)。

　　A. 2，1，1　　　B. 2，2，1　　　C. 1，2，1　　　D. 1，1，2

36. 若有条件表达式（exp）? a ++：b −−，则以下表达式中能完全等价于表达式（exp）的是(　　)。

　　A.（exp = =0）　　　B.（exp！=0）　　　C.（exp = =1）　　　D.（exp！=1）

37. 当 c 的值不为 0 时，在下列选项中能正确将 c 的值赋给变量 a、b 的是(　　)。

　　A. c = b = a；　　　　　　　　　　　B.（a = c）‖（b = c）；

　　C.（a = c）&&（b = c）；　　　　　　D. a = c = b；

38. 若 a 为 int 型，且其值为 3，则执行完表达式 a + = a − = a＊a 后，a 的值

是（　　）。

    A. −3　　　　　　　B. 9　　　　　　　C. −12　　　　　　D. 6

二、填空题

1. 在 C 语言中，整数有三种表达形式：_____ 进制数，_____ 进制数，_____ 进制数。

2. 在 C 语言中，用关键字_____定义整型变量，用关键字_____定义单精度型变量，用关键字_____定义双精度型变量。

3. 执行以下语句后 m 的值为_____。

    int w, x, y, z, m;

    w = 3；x = 4；y = 5；z = 6；

    m =（w < x）？w：x；

    m =（m < y）？m：y；

    m =（m < z）？m：z；

4. 有以下定义：int m = 5，y = 2；则计算表达式 y + = y − = m * = y 后的 y 值是_____。

5. s 是 int 型变量，且 s = 6，则下面表达式：s%2 +（s + 1）%2 的值为_____。

6. 若 a 是 int 型变量，则计算表达式：a = 25/3%3 后 a 的值为_____。

7. 若 x 和 n 均是 int 型变量，且 x 和 n 的初值均为 5，则计算表达式：x + = n + + 后 x 的值为_____，n 的值为_____。

8. 假设所有变量均为整型，则表达式：（a = 2，b = 5，a + +，b + +，a + b）的值为_____。

9. 已知字母 a 的 ASCII 码为十进制数 97，且设 ch 为字符型变量，则表达式 ch = 'a' + '8' − '3' 的值为_____。

10. 假设 m 是一个三位数，从左到右用 a，b，c 表示各个数位上的数字，则从左到右各个数位上的数字是 b，a，c 的三位数的表达式是_____。

11. 若有定义：int a = 2，b = 3；float x = 3.5，y = 2.5；则表达式：（float）（a + b）/2 +（int）x%（int）y 的值为_____。

12. 执行语句 "printf（"%d"，（a = 2）&&（b = −2））;" 后的输出结果是_____。

13. 已知 int y = 4，x = 6，z = 2，d;，执行语句 d =（++ x，y ++），z + 2 后，d 的值为_____。

14. 定义：double x = 3.5，y = 3.2；则表达式（int）x * 0.5 的值是_____，表达式 y + = x 的值是_____。

15. 定义：int m = 5，n = 3；则表达式 m =（m = 1，n = 2，n − m）的值是_____，表达式 m + = m − =（m = 1）*（n = 2）的值是_____。若再进行下述赋值：m = 1，2，n ++；则 m 的值是_____，n 的值是_____。

三、程序分析题

1. 执行以下语句后 p 的值为_____。

   i = 8;

   j = 10;

   k = 12;

   m = ++i;

   n = j--;

   p = (++m) * (n++) + (--k);

2. 以下程序运行后的输出结果是_____。

   ```
   #include <stdio. h>
   void main (  )
   {
       int k =1, i =3, m;
       m = (k + = i * = k);
       printf ("%d,%d\n", m, i);
   }
   ```

3. 以下程序运行后的输出结果是_____。

   ```
   #include <stdio. h>
   void main (  )
   {
       int a =4, b =5, c =0, d;
       d = ! a&&! b | | ! c;
       printf ("%d\n", d);
   }
   ```

4. 以下程序运行后的输出结果是_____。

   ```
   #include <stdio. h>
   void main (  )
   {
       int a =10, b =20, c =30, d;
       d = ++a < =10 | | b -- > =20 | | c ++;
       printf ("%d,%d,%d,%d\n", a, b, c, d);
   }
   ```

5. ASCII 代码中，字母 A 的序号为 65，以下程序运行后的输出结果是_____。

   ```
   #include <stdio. h>
   main (  )
   ```

```
{
    char c1 = 'A', c2 = 'Y';
    printf ( "%d,%d\n", c1, c2);
}
```

6. 以下程序运行后的输出结果是_____。

```
main ( )
{ int a = 2, b = 5;
    printf ( "a = %%d, b = %%d\n", a, b);
}
```

阶段复习（一）

1. 以下关于结构化程序设计的叙述中正确的是（　　）。

    A. 结构化程序使用 goto 语句会很便捷

    B. 一个结构化程序必须同时由顺序、分支、循环三种结构组成

    C. 在 C 语言中，程序的模块化是利用函数实现的

    D. 由三种基本结构构成的程序只能解决小规模的问题

2. 对于一个正常运行的 C 语言程序，以下叙述中正确的是（　　）。

    A. 程序的执行总是从程序的第一个函数开始，到 main 函数结束

    B. 程序的执行总是从 main 函数开始

    C. 程序的执行总是从 main 函数开始，在程序的最后一个函数中结束

    D. 程序的执行总是从程序的第一个函数开始，在程序的最后一个函数中结束

3. 以下选项中能表示合法常量的是（　　）。

    A. 1,200　　　　　　B. 1.5E2.0　　　　　　C. '\'　　　　　　D. "\007"

4. 以下定义语句中正确的是（　　）。

    A. float a = 1，＊b = &a，＊c = &b；

    B. int a = b = 0；

    C. char A = 65 + 1，b = 'b'；

    D. double a = 0.0；b = 1.1；

5. 若变量 x、y 已正确定义并赋值，以下符合 C 语言语法的表达式是（　　）。

    A. double（x）/10　　　　　　　　B. x + 1 = y

    C. x = x + 10 = x + y　　　　　　D. ++x，y = x－－

6. 若变量已正确定义为 int 型，要通过语句 scanf（"%d,%d,%d"，&a，&b，&c）；

    给 a 赋值 1．给 b 赋值 2．给 c 赋值 3．

    以下输入形式中正确的是（注：□代表一个空格符）（　　）。

    A. □□□1，2，3 < 回车 >

    B. 1□2□3 < 回车 >

    C. 1，□□□2，□□□3 < 回车 >

    D. 1 < 回车 >2 < 回车 >3 < 回车 >

7. 计算机能直接执行的程序是（　　）。

    A. 目标程序　　　B. 可执行程序　　　C. 汇编程序　　　D. 源程序

8. 以下叙述中正确的是（　　　）。

　　A. C 语言程序将从源程序中第一个函数开始执行

　　B. 可以在程序中由用户指定任意一个函数作为主函数，程序将从此开始执行

　　C. C 语言规定必须用 main 作为主函数名，程序将从此开始执行

　　D. main 的各种大小写拼写形式都可以作为主函数名，如：MAIN，Main 等

9. 以下选项中可用作 C 语言程序合法实数的是（　　　）。

　　A. . 1e0　　　　　　　B. 3.0e0. 2　　　　　　C. E9　　　　　　　D. 9. 12E

10. 下列定义变量的语句中错误的是（　　　）。

　　A. char　For；　　　B. double　int_ ；　　C. float　US $ ；　　D. int　_ int；

11. 表达式：（int）（（double） 9/2） −9％2 的值是（　　　）。

　　A. 4　　　　　　　　　B. 0　　　　　　　　　C. 3　　　　　　　　D. 5

12. 设变量均已正确定义，若要通过 scanf（ "％ d％ c％ d％ c"，&a1，&c1，&a2，
　　&c2）；语句为变量 a1 和 a2 赋数值 10 和 20，为变量 c1 和 c2 赋字符 X 和 Y。以下
　　所示的输入形式中正确的是（注：□代表空格字符）（　　　）。

　　A. 10□X20□Y <回车 >　　　　　　　　B. 10X < 回车 >20Y < 回车 >

　　C. 10□X < 回车 >20□Y < 回车 >　　　　D. 10□X□20□Y < 回车 >

13. 以下叙述中错误的是（　　　）。

　　A. 算法正确的程序可以有零个输入

　　B. 算法正确的程序最终一定会结束

　　C. 算法正确的程序可以有零个输出

　　D. 算法正确的程序对相同的输入一定有相同的结果

14. 以下叙述中正确的是（　　　）。

　　A. C 语句必须在一行内写完

　　B. C 语言程序中的每一行只能写一条语句

　　C. C 语言程序中的注释必须与语句写在同一行

　　D. 简单 C 语句必须以分号结束

15. 以下选项中关于 C 语言常量的叙述错误的是（　　　）。

　　A. 常量分为整型常量、实型常量、字符常量和字符串常量

　　B. 经常被使用的变量可以定义成常量

　　C. 常量可分为数值型常量和非数值型常量

　　D. 所谓常量，是指在程序运行过程中，其值不能被改变的量

16. 以下选项中，不合法的 C 语言用户标识符是（　　　）。

　　A. a − −b　　　　　　B. AaBc　　　　　　C. a_ b　　　　　　　D. _ 1

17. 若变量均已正确定义并赋值，以下合法的 C 语言赋值语句是（　　　）。

　　A. x = 5 = 4 + 1；　　　　　　　　　　B. x = n％2.5；

　　C. x + n = i；　　　　　　　　　　　　D. x = y = 5；

18. 设有定义：int a；float b；执行"scanf（'%2d%f'，&a，&b）;"语句时，若从键盘输入 876 543.0＜回车＞，则 a 和 b 的值分别是（ ）。

    A. 876 和 543.0　　　　　　　　　　　B. 87 和 6.0

    C. 87 和 543.0　　　　　　　　　　　 D. 76 和 543.0

19. 以下选项中关于程序模块化的叙述错误的是（ ）。

    A. 可采用自顶向下、逐步细化的设计方法把若干独立模块组装成所要求的程序

    B. 可采用自底向上、逐步细化的设计方法把若干独立模块组装成所要求的程序

    C. 把程序分成若干相对独立、功能单一的模块，可便于重复使用这些模块

    D. 把程序分成若干相对独立的模块，可便于编码和调试

20. 以下叙述中正确的是（ ）。

    A. 用 C 语言编写的程序只能放在一个程序文件中

    B. C 语言程序书写格式严格，要求一行内只能写一个语句

    C. C 语言程序中的注释只能出现在程序的开始位置和语句的后面

    D. C 语言程序书写格式自由，一个语句可以写在多行上

21. 以下不合法的数值常量是（ ）。

    A. 011　　　　 B. 1e1　　　　 C. 8.0E0.5　　　　 D. 0xabcd

22. 以下关于 C 语言数据类型使用的叙述中错误的是（ ）。

    A. 若要处理如"人员信息"等含有不同类型的相关数据，应自定义结构体类型

    B. 若要保存带有多位小数的数据，可使用双精度类型

    C. 若只处理"真"和"假"两种逻辑值，应使用逻辑类型

    D. 整数类型表示的自然数是准确无误的

23. 设有定义：int k＝0；以下选项的四个表达式中与其他三个表达式的值不相同的是（ ）。

    A. k＋＋　　　　 B. k＋＝1　　　　 C. ＋＋k　　　　 D. k＋1

24. 有如下程序段：

    int x＝12；

    double y＝3.141593；

    printf（"%d%8.6f"，x，y）；

    其输出的结果是（ ）。

    A. 12 3.141593　　　　　　　　　　　B. 123.141593

    C. 12，3.141593　　　　　　　　　　 D. 123.1415930

25. 以下叙述中错误的是（ ）。

    A. C 语言程序在运行过程中所有计算都以二进制方式进行

    B. C 语言程序在运行过程中所有计算都以十进制方式进行

    C. 所有 C 语言程序都需要编译链接无误后才能运行

    D. C 语言程序中字符变量存放的是字符的 ASCII 值

26. 以下关于 C 语言的叙述中正确的是（　　　）。

    A. C 语言中的变量可以在使用之前的任何位置进行定义

    B. C 语言中的注释不可以夹在变量名或关键字的中间

    C. 在 C 语言算术表达式的书写中，运算符两侧的运算数类型必须一致

    D. C 语言的数值常量中夹带空格不影响常量值的正确表示

27. 以下不合法的字符常量是（　　　）。

    A. ′\xcc′　　　　　　　　　　　　　B. ′\″′

    C. ′\\′　　　　　　　　　　　　　　D. ′\018′

28. 以下选项中正确的定义语句是（　　　）。

    A. double，a，b;　　　　　　　　　B. double　a = b = 7;

    C. double　a; b;　　　　　　　　　D. double　a = 7，b = 7;

29. 若有定义语句：int a = 3，b = 2，c = 1;以下选项中错误的赋值表达式是（　　　）。

    A. a =（b = 4）+ c;　　　　　　　B. a = b = c + 1;

    C. a =（b = 4）= 3;　　　　　　　D. a = 1 +（b = c = 4）;

30. 若有定义：int　a，b; 通过语句 scanf（"%d;%d"，&a，&b）; 能把整数 3 赋给变量 a，5 赋给变量 b 的输入数据是（　　　）。

    A. 3，5　　　　B. 3；5　　　　C. 3　5　　　　D. 35

31. 下列叙述中错误的是（　　　）。

    A. C 语言程序可以由多个程序文件组成

    B. 一个 C 语言程序只能实现一种算法

    C. C 语言程序可以由一个或多个函数组成

    D. 一个函数可以单独作为一个 C 语言程序文件存在

32. C 语言源程序名的后缀是（　　　）。

    A. . obj　　　　B. . exe　　　　C. . C　　　　D. . cp

33. 以下选项中不能用作 C 语言程序合法常量的是（　　　）。

    A. "\x7D"　　　B. ′\123′　　　C. 123　　　　D. 1，234

34. 表达式 a += a -= a = 9 的值是（　　　）。

    A. 9　　　　　B. -9　　　　　C. 18　　　　　D. 0

35. 若有定义语句：int　x = 12，y = 8，z; 在其后执行语句 z = 0.9 + x/y; 则 z 的值为（　　　）。

    A. 1.9　　　　B. 1　　　　　C. 2　　　　　D. 2.4

36. 阅读以下程序

```
#include < stdio. h >

main（）

{ int case;
```

```
     float   printF;
     printf ("请输入 2 个数:");
     scanf ("%d%f", &case, &printF);
     printf ("%d%f\n", case, printF);
   }
```

该程序在编译时产生错误，其出错原因是（   ）。

A. 定义语句出错，printF 不能用作用户自定义标识符

B. 定义语句出错，case 是关键字，不能用作用户自定义标识符

C. 定义语句无错，scanf 不能作为输入函数使用

D. 定义语句无错，printf 不能输出 case 的值

37. 下列叙述中正确的是（   ）。

A. 在 C 语言程序的函数中不能定义另一个函数

B. 在 C 语言程序中 main 函数的位置是固定的

C. C 语言程序中所有函数之间都可以相互调用

D. 每个 C 语言程序文件中都必须有一个 main 函数

38. 以下叙述正确的是（   ）。

A. C 语言函数不可以单独编译

B. C 语言程序是由过程和函数组成的

C. C 语言函数可以嵌套调用，例如：fun (fun (x))

D. C 语言中除了 main 函数，其他函数不可作为单独文件形式存在

39. 以下选项中合法的标识符是（   ）。

A. 1_ 1   B. 1 –1   C. _ 11   D. 1_ _

40. 表达式 3.6 –5/2 +1.2 +5%2 的值是（   ）。

A. 4. 8   B. 3. 8   C. 3. 3   D. 4. 3

41. 有以下定义：

int   a;

long   b;

double   x, y;

则以下选项中，表达式正确的是（   ）。

A. (a * y)%b   B. a = x < > y   C. a% (int) (x – y) D. y = x + y = x

42. 有以下程序

#include < stdio. h >

main ()

{ int a =0, b =0;

／＊给 a 赋值　a＝10；b＝20；给 b 赋值　＊／
　　printf（"a＋b＝%d \ n"，a＋b）；／＊输出计算结果＊／
}

程序运行后的输出结果是（　　　）。

A. a＋b＝30　　　　B. a＋b＝0　　　　C. a＋b＝10　　　　D. 出错

43. 我们所写的每条 C 语句，经过编译最终都将转换成二进制的机器指令。关于转换以下说法错误的是（　　　）。

A. 某种类型和格式的 C 语句被转换成机器指令的条数是固定的

B. 一条 C 语句可能会被转换成多条机器指令

C. 一条 C 语句可能会被转换成零条机器指令

D. 一条 C 语句对应转换成一条机器指令

44. 关于 "while（条件表达式）循环体"，以下叙述正确的是（　　　）。

A. 条件表达式的执行次数与循环体的执行次数一样

B. 循环体的执行次数总是比条件表达式的执行次数多一次

C. 条件表达式的执行次数总是比循环体的执行次数多一次

D. 条件表达式的执行次数与循环体的执行次数无关

45. 关于 C 语言的符号常量，以下叙述中正确的是（　　　）。

A. 符号常量的符号名是标识符，但必须大写

B. 符号常量是指在程序中通过宏定义用一个符号名来代表一个常量

C. 符号常量在整个程序中其值都不能再被重新定义

D. 符号常量的符号名必须是常量

46. 若有以下程序

```
#include < stdio. h >
main ( )
{ int  b = 10, a = -11;
  a% = b% = 4;
  printf ( "% d% d \ n", a, b);
}
```

则程序运行后的输出结果是（　　　）。

A. -1　　-2　　　B. 1　　2　　　　C. -1　　2　　　　D. 1　　-2

47. 若有以下程序

```
#include < stdio. h >
main ( )
{ int a = 0, b = 0, c = 0;
```

```
    c = (a - =  + +a), (a + =b, b+ =4);
    printf ("%d,%d,%d \ n", a, b, c);
}
```

则程序运行后的输出结果是（ 　　）。

A.1，4，4　　　　B.0，4，4　　　　C.1，4，1　　　　D.0，4，0

48. 若有以下程序

```
#include < stdio. h >
main ()
{ int  a =0, b=0, c=0, d;
  c = (a + =b,, b+ =a); /＊第4行＊/
  d = c;; /＊第5行＊/
  ; /＊第6行＊/
  ; printf ("%d,%d,%d \ n", a, b, c); /＊第7行＊/
}
```

编译时出现错误，你认为出错的是（ 　　）。

A. 第7行　　　　B. 第5行　　　　C. 第6行　　　　D. 第4行

49. 关于算法，以下叙述中错误的是（ 　　）。

A. 一个算法对某个输入的循环次数是可以事先估计出来的

B. 同一个算法对相同的输入必能得出相同的结果

C. 任何算法都能转换成计算机高级语言程序，并在有限时间内运行完毕

D. 某个算法可能会没有输入

50. 关于 C 语言的变量，以下叙述中错误的是（ 　　）。

A. 由三条下划线构成的符号名是合法的变量名

B. 所谓变量是指在程序运行过程中其值可以被改变的量

C. 程序中用到的所有变量都必须先定义后才能使用

D. 变量所占的存储单元地址可以随时改变

51. 关于 do 循环体 while（条件表达式），以下叙述中正确的是（ 　　）。

A. 循环体的执行次数总是比条件表达式的执行次数多一次

B. 条件表达式的执行次数与循环体的执行次数一样

C. 条件表达式的执行次数总是比循环体的执行次数多一次

D. 条件表达式的执行次数与循环体的执行次数无关

52. 若有以下程序

```
#include < stdio. h >
main ()
```

```
{ int   a = -11, b = 10;
    a/ = b/ = -4;
    printf （"%d  %d \ n", a, b）;
}
```

则程序运行后的输出结果是（   ）。

A. -1   -2   B. 5   -2   C. 4   -3   D. 5   -3

53. 若有以下程序

```
#include   < stdio. h >
main （）
{ int a = 0, b = 0, c = 0;
    c = （a + = + +b, b + =4）;
    printf （"%d,%d,%d \ n", a, b, c）;
}
```

则程序运行后的输出结果是（   ）。

A. 1, 5, 1   B. 1, 5, 5   C. -1, 4, 4   D. -1, 4, -1

54. 若有定义

```
int    a;
float   b;
double   c;
```

程序运行时输入：

3 4 5 < 回车 >

能把值3输入给变量a、4输入给变量b、5输入给变量c的语句是（   ）。

A. scanf （"%d%f%f", &a, &b, &c）;

B. scanf （"%d%lf%lf", &a, &b, &c）;

C. scanf （"%d%f%lf", &a, &b, &c）;

D. scanf （"%lf%lf%lf", &a, &b, &c）;

55. C 语言程序的模块化通过（   ）来实现。

A. 语句   B. 变量   C. 程序行   D. 函数

56. 以下选项中不属于 C 语言标识符的是（   ）。

A. 关键字   B. 用户标识符

C. 常量   D. 预定义标识符

57. 以下选项中不属于 C 语言程序运算符的是（   ）。

A. sizeof   B. < >   C. （ ）   D. &&

58. 若变量已正确定义并赋值，以下不能构成 C 语句的选项是（   ）。

A. A? a: b;   B. A = a + b;   C. B + +;   D. a = a + b

59. 若有以下程序段

    double　x = 5.16894；

    printf（"% f \ n"，（int）（x * 1000 + 0.5）／（double）1000）；

    则程序段运行后的输出结果是（　　　）。

    A. 5.169000　　　　B. 5.175000　　　　C. 5.170000　　　　D. 5.168000

60. 设有定义：

    double　a，b，c；

    若要求通过输入分别给 a、b、c 输入 1、2、3，输入形式如下（注：此处□代表一个空格）

    □□1.0□□2.0□□3.0 <回车>

    则能进行正确输入的语句是（　　　）。

    A. scanf（"% f% f% f"，&a，&b，&c）；

    B. scanf（"% lf% lf% lf"，a，b，c）；

    C. scanf（"% lf% lf% lf"，&a，&b，&c）；

    D. scanf（"%5.1lf%5.1lf%5.1lf"，&a，&b，&c）；

61. 以下不能用于描述算法的是（　　　）。

    A. 程序语句　　　　　　　　　　B. E－R 图

    C. 伪代码和流程图　　　　　　　D. 文字叙述

62. 以下选项中合法的实型常量是（　　　）。

    A. .914　　　　　B. 3.13e－2.1　　　　C. 0　　　　　D. 2.0 * 10

63. 以下叙述中正确的是（　　　）。

    A. 若有 int　a = 4，b = 9；执行了 a = b 后，a 的值已由原值改变为 b 的值，b 的值变为 0

    B. a 是实型变量，a = 10 在 C 语言中是允许的，因此可以说实型变量中可以存放整型数

    C. 在赋值表达式中，赋值号的右边可以是变量，也可以是任意表达式

    D. 若有 int a = 4，b = 9；执行了 a = b；b = a；之后，a 的值为 9，b 的值为 4

64. 以下选项中合法的变量是（　　　）。

    A. _ 10_　　　　　B. 5a　　　　　C. A%　　　　　D. sizeof

65. 不能正确表示数学式 $\frac{ab}{c}$ 的表达式是（　　　）。

    A. a/c * b　　　　　B. a * b/c　　　　　C. a/b * c　　　　　D. a * （b/c）

66. 有以下程序

    #include　< stdio. h >

    main （）

    ｛ int　a = 3；

```
    printf（"%d\n",（a+=a-=a*a））；
｝
```

程序运行后的输出结果是（　　　）。

A. 9　　　　　　　　B. –12　　　　　　　　C. 0　　　　　　　　D. 3

67. 以下叙述中正确的是（　　　）。

A. 程序的算法只能使用流程图来描述

B. 结构化程序的三种基本结构是循环结构、选择结构、顺序结构

C. N–S 流程图只能描述简单的顺序结构的程序

D. 计算机可以直接处理 C 语言程序，不必进行任何转换

68. 以下叙述中正确的是（　　　）。

A. 在 C 语言程序中，模块化主要是通过函数来实现的

B. 程序的主函数名除 main 外，也可以使用 Main 或_ main

C. 程序可以包含多个主函数，但总是从第一个主函数处开始执行

D. 书写源程序时，必须注意缩进格式，否则程序会有编译错误

69. C 语言中 double 类型数据占字节数为（　　　）。

A. 4　　　　　　　　B. 8　　　　　　　　C. 12　　　　　　　　D. 16

70. 以下叙述中正确的是（　　　）。

A. 用户自定义的标识符必须"见名知义"，如果随意定义，则会出现编译错误

B. 标识符的长度不能任意长，最多只能包含 16 个字符

C. C 语言中的关键字不能作变量名，但可以作为函数名

D. 标识符总是由字母、数字和下划线组成，且第一个字符不得为数字

71. 以下叙述中正确的是（　　　）。

A. 由 printf 输出的数据都隐含左对齐

B. scanf 和 printf 是 C 语言提供的输入和输出语句

C. 赋值语句是一种执行语句，必须放在函数的可执行部分

D. 由 printf 输出的数据的实际精度是由格式控制中的域宽和小数的域宽来完全决定的

72. 以下叙述中正确的是（　　　）。

A. 复合语句在语法上包含多条语句，其中不能定义局部变量

B. 花括号对"｛｝"只能用来表示函数的开头和结尾，不能用于其他目的

C. 空语句就是指程序中的空行

D. 当用 scanf 从键盘输入数据时，每行数据在没按下回车键（Enter 键）前，可以任意修改

73. 以下叙述中正确的是（　　　）。

A. 只有简单算法才能在有限的操作步骤之后结束

B. 程序必须包含所有三种基本结构才能成为一种算法

    C. 如果算法非常复杂，则需要使用三种基本结构之外的语句结构才能准确表达

    D. 我们所写的每条 C 语句，经过编译最终都将转换成二进制的机器指令

74. 以下叙述中正确的是（   ）。

    A. 在 C 语言程序设计中，所有函数必须保存在一个源文件中

    B. 在算法设计时，可以把复杂任务分解成一些简单的子任务

    C. 只要包含了三种基本结构的算法就是结构化程序

    D. 结构化程序必须包含所有的三种基本结构，缺一不可

75. 以下叙述中正确的是（   ）。

    A. 预定义的标识符是 C 语言关键字的一种，不能另作它用

    B. 常量的类型不能从字面形式上区分，需要根据类型名来决定

    C. 整型常量和实型常量都是数值型常量

    D. 只能在函数体内定义变量，其他地方不允许定义变量

76. 以下叙述中正确的是（   ）。

    A. 八进制数的开头要使用英文字母 o，否则不能与十进制数区分开

    B. C 语言程序中的八进制数和十六进制数，可以是浮点数

    C. 整型变量可以分为 int 型、short 型、long 型和 unsigned 型四种

    D. 英文大写字母 X 和英文小写字母 x 都可以作为二进制数的开头字符

77. 以下叙述中正确的是（   ）。

    A. 在 printf 函数中，各个输出项只能是变量

    B. 在使用 scanf 函数输入整数或实数时，输入数据之间只能用空格来分隔

    C. scanf 函数中的格式控制字符串是为了输入数据用的，不会输出到屏幕上

    D. 使用 printf 函数无法输出百分号 "%"

78. 以下叙述中正确的是（   ）。

    A. 复合语句也被称为语句块，它至少要包含两条语句

    B. 只能在 printf 函数中指定输入数据的宽度，而不能在 scanf 函数中指定输入数据
      占的宽度

    C. scanf 函数中的字符串，是提示程序员的，输入数据时不必管它

    D. 在 scanf 函数的格式串中，必须有与输入项一一对应的格式转换说明符

79. 以下叙述中正确的是（   ）。

    A. C 语言程序总是从最前面的函数开始执行的

    B. C 语言程序总是从 main 函数开始执行的

    C. C 语言程序中 main 函数必须放在程序的开始位置

    D. C 语言程序所调用的函数必须放在 main 函数的前面

80. C 语言程序中，运算对象必须是整型数的运算符是（   ）。

    A. /   B. %   C. &&   D. *

81. 有以下程序

```
#include < stdio. h >
main（）
{
    int sum, pad, pAd；
    sum = pad = 5；
    pAd = ++ sum, pAd ++, ++ pad；
    printf（"% d \ n", pad）；
}
```

程序运行后的输出结果是（　　）。

A. 6 　　　　　　 B. 5 　　　　　　 C. 7 　　　　　　 D. 8

82. 有以下程序

```
#include < stdio. h >
main（）
{
    int   a = 3；
    a + = a - = a * a；
    printf（"% d \ n", a）；
}
```

程序运行后的输出结果是（　　）。

A. 3 　　　　　　 B. 9 　　　　　　 C. - 12 　　　　　 D. 0

83. sizeof（double）是（　　）。

A. 一种函数调用 　　　　　　　　 B. 一个双精度型表达式

C. 一个不合法的表达式 　　　　　　 D. 一个整型表达式

84. 有以下程序

```
#include < stdio. h >
main（）
{
    int   a = 2, c = 5；
    printf（"a = %% d, b = %% d \ n", a, c）；
}
```

程序运行后的输出结果是（　　）。

A. a = % 2, b = % 5 　　　　　　　 B. a = % d, b = % d

C. a = 2, b = 5 　　　　　　　　　 D. a = %% d, b = %% d

85. 以下叙述中正确的是（　　　）。

　　A. 每个后缀为 . C 的 C 语言源程序都可以单独进行编译

　　B. 每个后缀为 . C 的 C 语言源程序都应该包含一个 main 函数

　　C. 在 C 语言程序中，main 函数必须放在其他函数的最前面

　　D. 在 C 语言程序中，只有 main 函数才可单独进行编译

86. C 语言中的标识符分为关键字、预定义标识符和用户标识符，以下叙述正确的是（　　　）。

　　A. 关键字可用作用户标识符，但失去原有含义

　　B. 预定义标识符可用作用户标识符，但失去原有含义

　　C. 在标识符中大写字母和小写字母被认为是相同的字符

　　D. 用户标识符可以由字母和数字任意顺序组成

87. 以下选项中合法的常量是（　　　）。

　　A. 9 9 9 　　　　　　B. 2 . 7e　　　　　　C. 0Xab　　　　　　D. 123E0.2

88. C 语言主要是借助以下哪种手段来实现程序模块化？（　　　）。

　　A. 使用丰富的数据类型　　　　　　B. 定义常量和外部变量

　　C. 定义函数　　　　　　　　　　　D. 使用三种基本结构语句

89. 以下叙述中错误的是（　　　）。

　　A. 常量可以用一个符号名来代表

　　B. 定义符号常量必须用类型名来设定常量的类型

　　C. 数值型常量有正值和负值的区分

　　D. 常量是在程序运行过程中值不能被改变的量

90. 若有定义和语句：

int　a, b;

　　scanf（"%d,%d,", &a, &b）;

以下选项中的输入数据，不能把值 3 赋给变量 a、5 赋给变量 b 的是（　　　）。

　　A. 3，5，　　　　B. 3，5　　　　　C. 3，5　　　　　D. 3，5，4

第 3 章　C 语言程序的控制结构

3.1　顺序结构程序设计

一、选择题

1. 下列语句中，符合语法的赋值语句是(　　)。

　　A. a = 10　　　　　　　　　　　　B. x = y = = 20；

　　C. i + +　　　　　　　　　　　　D. m = 2，n = 5

2. 下列语句中，正确的语句是(　　)。

　　A. int x = y = z = 0；　　　　　　B. int z = （x + y）＋＋；

　　C. x = + 3 = . = 2；　　　　　　　D. x% = 2. 5；

3. 以下叙述中错误的是(　　)。

　　A. C 语句必须以分号结束

　　B. 复合语句在语法上被看作一条语句

　　C. 空语句出现在任何位置都不会影响程序运行

　　D. 赋值表达式末尾加分号就构成赋值语句

4. 下列程序运行后的输出结果是(　　)。

```
#include <stdio. h>
void main （ ）
{ int a =011，b =101；
  printf （ "\ n%x,%o"，++a，b ++）；
}
```

　　A. 12，145　　　　　B. 9，145　　　　　C. a，145　　　　　D. a，5

5. 以下选项中不是 C 语句的是(　　)。

　　A. {int i；i + +；printf （ "%d \ n"，i)；}　　B. ；

　　C. a = 5，c = 10　　　　　　　　　　D. {；}

6. 以下程序的功能是：给 r 输入数据后计算半径为 r 的圆的面积 s。程序编译时出错。

```
main （ ）
{ int r；float s；
  scanf （ "% d"，&r）；
  s = π * r * r；printf （ "s = %f \ n"，s）；
}
```

程序出错的原因是(   )。

   A. 注释语句书写位置错误

   B. 存放圆半径的变量 r 不应该定义为整型

   C. 输出语句中格式描述符非法

   D. 计算圆面积的赋值语句中使用了非法变量

7. 若变量已正确定义，要将 a 和 b 中的数进行交换，下面不正确的语句组是(   )。

   A. a = a + b，b = a − b，a = a − b；   B. t = a，a = b，b = t；

   C. a = t；t = b；b = a；   D. t = b；b = a；a = t；

8. 设有如下程序段：

   int x = 2002，y = 2003；

   printf（" %d \n"，(x，y)）；

   则以下叙述中正确的是(   )。

   A. 输出语句中格式说明符的个数少于输出项个数，不能正确输出

   B. 运行时产生出错信息

   C. 输出值为 2002

   D. 输出值为 2003

9. 已知字符 'a' 的 ASCII 码为 97，则下述程序段(   )。

   char ch = 'a'；

   int k = 12；

   printf（" %x,%o"，ch，k）；

   printf（" k = %%d"，k）；

   A. 因变量类型与格式描述符不匹配，输出不定值

   B. 输出项与描述项个数不符，输出 0 或不定值

   C. 输出为 61，14k = %d

   D. 输出为 61，14，k = %12

10. 下述程序运行后的输出结果是(   )。

   ```
   #include < stdio. h >
   main (  )
   { int x = 023；
     printf（" %d"，−−x）；
   }
   ```

   A. 17   B. 18   C. 23   D. 24

11. 下述程序运行后的输出结果是(   )。

   ```
   #include < stdio. h >
   main (  )
   { int k = 11；
   ```

```
        printf（"k=%d，k=%o，k=%x\n"，k，k，k）；
    }
```

A. k=11，k=12，k=11   B．k=11，k=13，k=13

C. k=11，k=013，k=0xb   D．k=11，k=13，k=b

12. 有如下定义：float x；unsigned y；则（   ）是合法的输入语句。

A. scanf（"%5.2f%d"，&x，&y）；   B. scanf（"%f%3o"，&x，&y）；

C. scanf（"%f%n"，&x，&y）；   D. scanf（"%f%f"，&x，&y）；

13. 对于下述语句，若将 10 赋给变量 k1 和 k3，将 20 赋给变量 k2 和 k4，则应按方式（   ）输入数据。

```
 int k1，k2，k3，k4；
 scanf（"%d%d"，&k1，&k2）；
 scanf（"%d,%d"，&k3，&k4）；
```

A. 1020   B. 10 20

    1020   10 20

C. 10，20   D. 10 20

    10，20   10 20

14. 以下程序运行后的输出结果是（   ）。

```
 main（ ）
 { int a=666，b=888；
    printf（"%d\n"，a，b）；
 }
```

A. 错误信息   B. 666   C. 888   D. 666，888

15. 已知字符 A 的 ASCII 码值是 65，则以下程序（   ）。

```
 #include <stdio.h>
 main（ ）
 { char a='A'；
    int b=20；
    printf（"%d,%o"，（a=a+1，a+b，b），a+'a'-'A'，b）；
 }
```

A. 表达式非法，输出零或不定值

B. 因输出项过多，无输出或输出不定值

C. 输出结果为 20，142

D. 输出结果为 20，1541，20

16. 对于条件表达式（M）?（a++）:（a--），其中的表达式 M 等价于（   ）。

A. M==0   B. M==1   C. M!=0   D. M!=1

17. 若变量 c 定义为 float 类型，当从终端输入 283.1900 后按回车键，能给变量 c 赋值 283.19 的输入语句是（   ）。

A. scanf（"%f"，c）；　　　　　　　B. scanf（"%8.4f"，&c）；

C. scanf（"%6.2f"，&c）；　　　　　D. scanf（"%8f"，&c）；

18. 设有定义：long x = - 23456789L；则以下能够正确输出变量 x 值的语句是（　　　）。

A. printf（"x =％d \ n"，x）；　　　　B. printf（"x =％ld \ n"，x）；

C. printf（"x =％8dl \ n"，x）；　　　D. printf（"x =％LD \ n"，x）；

19. 输入一个华氏温度，要求输出摄氏温度。计算公式为：c = 5/9（F - 32），以下程序正确的是（　　　）

A. main（）｛float c，F；scanf（"%f"，&F）；c = 5/9 *（F - 32）；printf（"摄氏温度是:％f \ n"，c）；｝

B. main（）｛float c，F；scanf（"%f"，&F）；c = 5 *（F - 32）/9；printf（"摄氏温度是:％f \ n"，c）；｝

C. main（）｛float c，F；scanf（"%f"，&F）；c = 5%9 *（F - 32）；printf（"摄氏温度是:％f \ n"，c）；｝

D. main（）｛float c，F；scanf（"%f"，&F）；c = 5.0/9.0（F - 32）；printf（"摄氏温度是:％f \ n"，c）；｝

20. 以下程序运行后的输出结果是（　　　）。

```
#include ＜ stdio. h ＞
main（）
｛ int k = 17；
    printf（"%d,%o,%x \ n"，k，k，k）；
｝
```

A. 17，021，0x11　　B. 17，17，17　　C. 17，0x11，021　　D. 17，21，11

21. 下列程序运行后的输出结果是（　　　）。

```
#include ＜ stdio. h ＞
main（）
｛int x = 'f'；
printf（"%c \ n"，'A' +（x - 'a' +1））；
｝
```

A. G　　　　　　　B. H　　　　　　　C. I　　　　　　　D. J

22. 语句 printf（"a \ bre \ 'hi \ ' y \ \ bou \ n"）；的输出结果是（　　　）。

A. a \ bre \ 'hi \ ' y \ \ bou　　　　B. a \ bre \ 'hi \ ' y \ bou

C. re 'hi' you　　　　　　　　　　D. abre 'hi' y \ bou

（说明：' \ b'是退格符）

23. 有如下程序

```
#include ＜ stdio. h ＞
main（）
｛ int y = 3，x = 3，z = 1；
```

```
        printf（"%d %d \ n"，（ ++ x，y ++），z + 2）;
  }
```

运行该程序的输出结果是(　　)。

    A. 3　4　　　　　　　B. 4　2　　　　　　　C. 4　3　　　　　　　D. 3　3

24. 若变量已明确说明为 float 类型，要通过语句 scanf（"%f %f %f"，&a，&b，&c）；给 a 赋值 10.0，b 赋值 22.0，c 赋值 33.0，不正确的输入形式是(　　)。

    A. 10 < 回车 > 22 < 回车 >　33 < 回车 >　B. 10.0，22.0，33.0 < 回车 >

    C. 10.0 < 回车 > 22.0　33.0 < 回车 >　D. 10　22 < 回车 > 33 < 回车 >

25. 以下程序的输出结果是(　　)。

```
#include < stdio. h >
main（ ）
{ int a = 5，b = 4，c = 6，d;
   printf（"%d \ n"，d = a > b?（a > c? a：c）:（b））;
}
```

    A. 5　　　　　　　　B. 4　　　　　　　　C. 6　　　　　　　　D. 不确定

二、填空题

1. 要用以下输入语句使 a = 5.0，b = 4，c = 3，则输入数据的形式应该是_____。

```
int b，c;
float a;
scanf（"a = %f，b = %d，c = %d"，&a，&b，&c）;
```

2. 以下程序运行后的输出结果是_____。

```
#include < stdio. h >
main（ ）
{
   int a = 5，b = 4，c = 3，d;
   d = （a > b > c）;
   printf（"%d \ n"，d）;
}
```

3. 假设变量 a 和 b 均为整型，以下语句可以不借助任何变量把 a，b 中的值进行交换。请填空:

    a + = _____; b = a - _____; a - = _____;

4. 若 x 为 int 型变量，则执行以下语句后 x 的值是_____。

    x = 7; x + = x - = x + x;

5. 有一输入函数 scanf（"%d"，k）；则不能使 float 类型变量 k 得到正确数值的原因是_____。

6. 已有定义 int a；float b，x；char c1，c2；为使 a = 3，b = 6.5，x = 12.6，c1 = 'a'，c2 = 'A'，正确的 scanf 函数调用语句是 _____，输入数据的方式为 _____。

7. 若有以下定义和语句，为使变量 c1 得到字符 'A'，变量 c2 得到字符 'B'，正确的输入形式是 _____。

        char c1，c2；

        scanf（"%4c%4c"，&c1，&c2）；

8. 设 x，y 和 z 均为 int 型变量，则执行语句 x =（y =（z = 10）+ 5）- 5；后，x、y 和 z 的值是 _____。

9. 已有定义 int x；float y；且执行 scanf（"%3d%f"，&x，&y）；语句时，从第一列开始输入数据 12345［空格］678 < 回车 >，则 x 的值为 _____，y 的值为 _____。

10. 以下程序运行后的输出结果是 _____。

        main（ ）
        { int a = 1，b = 2；
          a = a + b；b = a - b；a = a - b；
          printf（"%d,%d \ n"，a，b）；
        }

三、程序分析题

1. 阅读下述程序，程序运行后的输出结果是 _____。

        #include < stdio. h >
        main（ ）
        { int a = 3，b = 4；
          printf（"%d \ n"，a = a + 1，b + a，b + 1）；
          printf（"%d \ n"，（a = a + 1，b + a，b + 1））；
        }

2. 阅读以下程序，当输入数据的形式为：25，13，10，程序运行后正确的输出结果为 _____。

        #include < stdio. h >
        void main（ ）
        { int x，y，z；
          scanf（"%d%d%d"，&x，&y，&z）；
          printf（"x + y + z = %d \ n"，x + y + z）；
        }

3. 当执行以下程序时，在键盘上从第一列开始输入 9876543210，则程序运行后的输出结果是 _____。

        #include < stdio. h >

```
void main (   )
{  int x; float y, z;
    scanf ("%2d%3f%4f", &x, &y, &z);
    printf ("\ n");
    printf ("x = %d, y = %f, z = %f\ n", x, y, z);
}
```

4. 有以下程序

```
#include < stdio. h >
void main (   )
{  char a, b, c, d;
    c = getchar ();  d = getchar ();
    scanf ("%c%c", &a, &b);
    putchar (a);  putchar (b);
    printf ("%c%c", c, d);
}
```

程序运行后，若从键盘输入（从第 1 列开始）

9↙

876↙

则输出结果是_____。

5. 有以下程序段

```
int m = 0, n = 0; char c = 'a';
scanf ("%d%c%d", &m, &c, &n);
printf ("%d,%c,%d\ n", m, c, n);
```

若从键盘上输入：10A10↙

则程序运行后输出结果是_____。

四、编程题

1. 已知华氏温度与摄氏温度之间的转换公式是：$C = \dfrac{5}{9} (F - 32)$

编写一个程序，将用户输入的摄氏温度转换成华氏温度，并予以输出（输出要求：要有文字说明，取 2 位小数）。

2. 输入任意一个三位数，将其各位数字反序输出（例如输入 123，输出 321）。

3. 编写一个程序，将 2 小时 25 分钟转换成用分钟表示，输出转换前后的数值。

4. 编写一个程序，根据本金 a、存款年数 n 和年利率 p 计算到期利息。计算公式如下：到期利息公式为 $a * (1 + p)^n - a$。

5. 已知圆柱体横截面圆半径为 r，圆柱高为 h。编写程序，计算圆周长 l、圆面积 S 和圆柱体体积 V，并输出计算结果。

6. 将两个两位数的正整数 a、b 合并成一个整数放在 c 中。合并的方式是：将 a 数的十位和个位数依次放在 c 数个位和十位上，b 数的十位和个位数依次放在 c 数的百位和千位上。

例如，当 a = 16，b = 35，调用该函数后，c = 5361。

3.2 选择结构程序设计

一、选择题

1. 逻辑运算符两侧运算对象的数据类型( )。
    A. 只能是 0 或 1   B. 只能是 0 或非 0 正数
    C. 只能是整型或字符型数据   D. 可以是任何类型的数据

2. 下列运算符中优先级最高的是( )。
    A. <   B. +   C. &&   D. ! =

3. 设 x、y 和 z 是 int 型变量，且 x = 3，y = 4，z = 5，则下面表达式中值为 0 的是( )。
    A. 'x' && 'y'   B. x < = y
    C. x | | y + z&&y − z   D. ! ((x < y) &&! z| | 1)

4. 已知 x = 43，ch = 'A'，y = 0；则表达式 (x > = y && ch < 'B' && ! y) 的值为( )。
    A. 0   B. 语法错   C. 1   D. "假"

5. 若希望当 A 的值为奇数时，表达式的值为"真"，A 的值为偶数时，表达式的值为"假"。则以下不能满足要求的表达式是( )。
    A. A%2 = =1 B. ! (A%2 = =0) C. ! (A%2) D. A%2

6. 判断 char 型变量 ch 是否为大写字母的正确表达式是( )。
    A. 'A' < = ch < = 'Z'   B. (ch > = 'A') & (ch < = 'Z')
    C. (ch > = 'A') && (ch < = 'Z') D. ('A' < = ch) AND ('Z' > = ch)

7. 判断 char 型变量 c1 是否为小写字母的正确表达式是( )。
    A. 'a' < = c1 < = 'z'   B. (c1 > = a) && (c1 < = z)
    C. ('a' > = c1) | | ('z' < = c1) D. (c1 > = 'a') && (c1 < = 'z')

8. 以下程序运行后的输出结果是( )。
```
#include "stdio. h"
void main ( )
{ int a, b, d = 241;
    a = d/100%9;
    b = ( −1) && ( −1);
```

```
        printf（"%d,%d", a, b);
    }
```

    A. 6, 1　　　　　B. 2, 1　　　　　C. 6, 0　　　　　D. 2, 0

9. 执行以下语句后 a 的值为【1】_____，b 的值为【2】_____。

```
int a, b, c;
a = b = c = 1;
++a | | ++b&&++c;
```

   【1】A. 错误　　　　B. 0　　　　　C. 2　　　　　D. 1

   【2】A. 1　　　　　B. 2　　　　　C. 错误　　　　D. 4

10. 已知 int x = 10, y = 20, z = 30; 以下语句执行后 x, y, z 的值是(　　)。

```
if (x > y)
z = x; x = y; y = z;
```

   A. x = 10, y = 20, z = 30　　　　　　B. x = 20, y = 30, z = 30

   C. x = 20, y = 30, z = 10　　　　　　D. x = 20, y = 30, z = 20

11. 下面程序运行后的输出结果是(　　)

```
main ( )
{ int i = 1, j = 1, k = 2;
  if ( (j ++ | | k ++) &&i ++); printf（"%d,%d,%d\n", i, j, k);
}
```

   A. 1, 1, 2　　　　B. 2, 2, 1　　　　C. 2, 2, 2　　　　D. 2, 2, 3

12. 以下 if 语句语法正确的是(　　)。

   A. if (x > y)　　　　　　　　　　　B. if (x > 0)

     printf（"%f", -x)　　　　　　　　 {x = x + y; printf（"%f", x);}

     else printf（"%f", x);　　　　　　 else printf（"%f", -x);

   C. if (x > 0)　　　　　　　　　　　D. if (x > 0)

     {x = x + y; printf（"%f", x);};　　 {x = x + y; printf（"%f", x)}

     else printf（"%f", -x);　　　　　　 else printf（"%f", -x);

13. 以下语句不正确的是(　　)。

   A. if (x > y);

   B. if (x = y) && (x! = 0) x + = y;

   C. if (x! = y) scanf（"%d", &x); else scanf（"%d", &y);

   D. if (x < y) {x ++; y ++;}

14. 以下程序运行后的输出结果是(　　)。

```
#include "stdio. h"
void main ( )
{ int m = 5;
```

```
if (m ++ > 5) printf ("%d \ n", m);
else printf ("%d \ n", m --);
}
```

A. 4   B. 5   C. 6   D. 7

15. 当 a = 1，b = 3，c = 5，d = 4 时，执行完下面一段程序后，x 的值是(　　)。

```
if (a < b)
    if (c < d) x = 1;
        else
            if (a < c)
                if (b < d) x = 2;
                    else x = 3;
                else x = 6;
    else x = 7;
```

A. 1   B. 2   C. 3   D. 6

16. 以下程序运行后的输出结果是(　　)。

```
#include "stdio. h"
void main ( )
    { int x = 2, y = -1, z = 2;
        if (x < y)
            if (y < 0) z = 0;
            else z + = 1;
                printf ("%d \ n", z);
    }
```

A. 3   B. 2   C. 1   D. 0

17. 若运行时给变量 x 输入 12，则以下程序运行后的输出结果是(　　)。

```
#include "stdio. h"
void main ( )
{ int x, y;
    scanf ("%d", &x);
    y = x > 12? x + 10: x - 12;
    printf ("%d \ n", y);
}
```

A. 0   B. 22   C. 12   D. 10

18. 以下程序运行后的输出结果是(　　)。

```
#include "stdio. h"
void main ( )
```

```
{ int k =4, a =3, b =2, c =1;
    printf ("\n%d\n", k < a? k: c < b? c: b);
}
```
A. 4　　　　　　B. 3　　　　　　C. 2　　　　　　D. 1

19. 运行以下程序段后，变量 a，b，c 的值分别是(　　)。
```
int x =10, y =9;
int a, b, c;
a = (--x = =y ++)? --x: ++y;
b = x ++;
c = y;
```
A. a =9, b =9, c =9　　　　　　B. a =8, b =8, c =10
C. a =9, b =10, c =9　　　　　　D. a =1, b =11, c =10

20. 下面程序运行后的输出结果是(　　)。
```
main ()
{ int a =5, b =4, c =3, d =2;
    if (a > b > c)
    printf ("%d\n", d).;
    else if ((c -1 > = d) = =1)
    printf ("%d\n", d +1);
    else
    printf ("%d\n", d +2);
}
```
A. 2　　　　　　　　　　　　　　B. 3
C. 4　　　　　　　　　　　　　　D. 编译时有错，无结果

21. 下面程序运行后的输出结果是(　　)。
```
main ()
{ int a = -1, b =1;
    if (( ++a <0) && ! (b-- < =0)) printf ("%d %d\n", a, b);
    else
    printf ("%d %d\n", b, a);
}
```
A. -1　1　　　　B. 0　1　　　　C. 1　0　　　　D. 0　0

22. 下面程序运行后的输出结果是(　　)。
```
main ()
{ float x =2.0, y;
    if (x <0.0)    y =0.0;
```

```
        else if （x < 10. 0）    y = 1. 0/x;
        else   y = 1. 0;
        printf （"%f \ n", y）;
    }
```

A. 0. 000000   B. 0. 250000   C. 0. 500000   D. 1. 000000

23. 下面程序运行后的输出结果是(   )。

```
    main （ ）
    { int a = 2, b = - 1, c = 2;
      if （a < b）
      if （b < 0） c = 0;
      else c ++ ;
      printf （"%d \ n", c）;
    }
```

A. 0   B. 1   C. 2   D. 3

24. 下面程序运行后的输出结果是(   )。

```
    main （    ）
    { int x = 1, a = 0, b = 0;
      switch （x）
      { case 0： b ++ ;
        case 1： a ++ ;
        case 2： a ++ ; b ++ ;
      }
      printf （"a = %d, b = %d \ n ", a, b）;
    }
```

A. a = 2, b = 1   B. a = 1, b = 1   C. a = 1, b = 0   D. a = 2, b = 2

25. 下面程序运行后的输出结果是(   )。

```
    main （    ）
    { int a = 15, b = 21, m = 0;
      switch （a%3）
      { case 0： m ++ ; break;
        case 1： m ++ ;
        switch （b%2）
        { default： m ++ ;
          case 0： m ++ ; break;
        }
      }
```

```
    printf（"%d\n"，m）；
    }
```

    A. 1   B. 2   C. 3   D. 4

二、填空题

1. C 语言提供的三种逻辑运算符是＿＿＿＿＿＿＿＿＿＿＿＿＿。

2. 条件 "$2 < x < 3$ 或 $x < -10$" 的 C 语言表达式是＿＿＿＿＿＿＿＿＿＿＿。

3. 设 y 为 int 型变量，请写出描述 "y 是奇数" 的表达式＿＿＿＿＿＿＿＿＿＿＿。

4. 设 x，y，z 均为 int 型变量，请写出描述 "x 或 y 中有一个小于 z" 的表达式＿＿＿＿＿＿＿＿＿＿＿。

5. x，y，z 均为 int 型变量，请写出描述 "x，y 和 z 中有两个为负数" 的表达式＿＿＿＿＿＿＿＿＿＿＿。

6. 有 int $a = 3$，$b = 4$，$c = 5$；则以下表达式的值为＿＿＿＿＿＿＿。

    ! $(a + b + c - 1 \&\& b + c/2)$

7. 已知 $A = 7.5$，$B = 2$，$C = 3.6$，表达式 $A > B \&\& C > A || A < B \&\& ! C > B$ 的值是＿＿＿＿＿＿＿。

8. 若 $a = 6$，$b = 4$，$c = 2$，则表达式 ! $(a - b + c - 1 \&\& b + c/2)$ 的值是＿＿＿＿＿＿＿。

9. 若 $a = 2$，$b = 4$，则表达式 ! $(x = a || (y = b \&\& 0))$ 的值是＿＿＿＿＿＿＿。

10. 若 $a = 1$，$b = 4$，$c = 3$，则表达式 ! $(a < b || ! c \&\& 1)$ 的值是＿＿＿＿＿＿＿。

11. 若 $a = 5$，$b = 2$，$c = 1$，则表达式 $a - b < c || b == c$ 的值是＿＿＿＿＿＿＿。

12. 设 $a = 3$，$b = 4$，$c = 5$，则表达式 $a || b + c \&\& b == c$ 的值是＿＿＿＿＿＿＿。

13. 当 $m = 2$，$n = 1$，$a = 1$，$b = 2$，$c = 3$ 时，执行完 $d = (m = a! = b \&\& (n = b > c$ 后，n 的值为＿＿＿＿＿＿＿，m 的值为＿＿＿＿＿＿＿。

14. 以下程序实现输入三个整数，按从大到小的顺序进行输出。请填空。

```
#include "stdio. h"
void main（）
{int x，y，z，c；
scanf（"%d%d%d"，&x，&y，&z）；
if（  【1】  ）
    {c = y；y = z；z = c；}
if（  【2】  ）
    {c = x；x = z；z = c；}
if（  【3】  ）
    {c = x；x = y；y = c；}
printf（"%d,%d,%d"，x，y，z）；
```

```
        }
```

【1】　＿＿＿＿＿　【2】　＿＿＿＿＿　【3】　＿＿＿＿＿

15. 以下程序实现对输入的一个小写字母，将字母循环后移 5 个位置后输出，如 'a' 变成 'f'，'w' 变成 'b'。请填空。

```
#include "stdio. h"
void main ( )
  { char c;
    c = getchar (    );
    if ( c > = 'a' &&c < = 'u') 【 1 】
    else if ( c > = 'v' &&c < = 'z') 【 2 】
    putchar ( c );
  }
```

【1】　＿＿＿＿＿　【2】　＿＿＿＿＿

16. 以下程序实现输出 x，y，z 三个数中的最大者。请填空。

```
#include "stdio. h"
void main ( )
  { int x =4, y =6, z =7;
    int   【1】   ;
    if (   【2】   ) u = x;
    else u = y;
    if (   【3】   ) v = u;
    else v = z;
    printf ( "v = % d", v );
  }
```

【1】　＿＿＿＿＿　【2】　＿＿＿＿＿　【3】　＿＿＿＿＿

17. 以下程序的功能是判断输入的年份是否是闰年。请填空。

```
#include "stdio. h"
void main ( )
  {int y, f;
    scanf ( "% d", &y);
    if ( y% 400 ==0) f =1;
      else if (   【1】   ) f =1;
        else   【2】   ;
        if ( f) printf ( "% d is", y);
          else printf ( "% d is not", y);
      printf ( "a leap year \ n");
```

```
          }
```

【1】 _____ 【2】 _____

18. 输入某个职工的工资，根据不同档次扣除所得税，然后计算实发工资。扣税标准如下：

(1) 若工资低于 850 元，则不扣税；

(2) 若工资在 850 元至 1500 元之间，则扣税比例为 1%；

(3) 若工资在 1500 元至 2000 元之间，则扣税比例为 1.5%；

(4) 若工资大于 2000 元，则扣税比例为 2%。

要求：若输入工资为负数，则显示错误信息。请填空。

```
#include <stdio. h>
void main ( )
  {
float gz, rfgz;
printf ( "please input a float gz： \ n")；
scanf ( "%f", &gz)；
printf ( "gz is %7.2f \ n", gz)；
if ( gz <0)
printf ( "error input again! \ n")；
else if ( __【1】__ ) rfgz = gz；
else if ( __【2】__ ) rfgz = gz - gz * 0.01；
else if ( __【3】__ ) __【4】__ ；
else __【5】__ ；
if ( gz >0) printf ( "gz is %7.2f, rfgz is %7.2f. \ n", gz, rfgz)；
  }
```

【1】 _____ 【2】 _____ 【3】 _____

【4】 _____ 【5】 _____

三、程序分析题

1. 以下程序运行后的输出结果是 _____。

```
#include "stdio. h"
void main ( )
  { int x, y, z；
    x =1； y =1； z =0；
    x = x || y&&z；
    printf ( "%d,%d", x, x&&! y || z)；
  }
```

2. 若从键盘输入 58，则以下程序运行后的输出结果是_____。

```
main ( )
{ int a;
    scanf ( "%d", &a);
    if (a>50) printf ( "%d", a);
    if (a>40) printf ( "%d", a);
    if (a>30) printf ( "%d", a);
}
```

3. 若运行时输入：16 <回车>，则以下程序的输出结果是_____。

```
#include "stdio. h"
void main ( )
{ int year;
    printf ( "input your year:");
    scanf ( "%d", &year);
    if (year > =18)
        printf ( "you ¥4. 5yuan/xiaoshi");
    else
        printf ( "you ¥3. 0yuan/xiaoshi");
}
```

4. 若运行时输入：2 <回车>，则以下程序的输出结果是_____。

```
#include "stdio. h"
void main ( )
{ char class;
    printf ( "enter 1 for 1st class post or 2 for 2nd post");
    scanf ( "%c", &class);
    if (class == '1')
        printf ( "1st class postage is 19p");
    else
        printf ( "2nd class postage is 14p");
}
```

5. 以下程序运行后的输出结果是_____。

```
#include "stdio. h"
void main ( )
{ if (2*2==5<2*2==4)
        printf ( "T");
    else
```

```
            printf（"F"）；
        }
```

6. 阅读以下程序：

```
#include "stdio. h"
void main（ ）
{ int t, h, m;
    scanf（"%d", &t）;
    h =（t/100）%12;
    if（h==0）h=12;
    printf（"%d:", h）;
    m = t%100;
    if（m<10）printf（"0"）;
    printf（"%d", m）;
    if（t<1200||t==2400）
    printf（"AM"）;
    else printf（"PM"）;
}
```

若运行时输入：1605＜回车＞，则程序的输出结果是_____。

7. 若运行时输入：－2＜回车＞，则以下程序的输出结果是_____。

```
#include "stdio. h"
void main（  ）
{ int a, b;
    scanf（"%d", &a）;
    b =（a>=0）? a: －a;
    printf（"b=%d", b）;
}
```

8. 若运行时输入：3 5 /＜回车＞，则以下程序的输出结果是_____。

```
#include "stdio. h"
void main（  ）
{ float x, y;
    char ch;
    double r;
    scanf（"%f%f%c", &x, &y, &ch）;
    switch（ch）
        { case '+': r=x+y; break;
          case '－': r=x-y; break;
```

```
        case '*': r = x * y; break;
        case '/': r = x/y; break;
    }
    printf ("%f", r);
}
```

9. 以下程序运行后的输出结果是_____。

```
#include <stdio.h>
void main ( )
{ int x = 1, y = 0, a = 0, b = 0;
    switch (x)
    {
        case 1:
        switch (y)
        {
        case 0: a ++; break;
        case 1: b ++; break;
        }
        case 2: a ++; b ++; break;
        case 3: a ++; b ++;
    }
    printf (" \ na = %d, b = %d", a, b);
}
```

10. 下列程序段运行后的输出结果是_____。

```
int n = 'c';
switch (n ++)
{ default: printf ("error"); break;
    case 'a': case 'A': case 'b': case 'B': printf ("good"); break;
    case 'c': case 'C': printf ("pass");
    case 'd': case 'D': printf ("warn");
}
```

四、编程题

1. 编程判断输入的正整数是否既是 5 又是 7 的整倍数。若是，则输出 yes；否则输出 no。

2. 编程实现输入整数 a 和 b，若 $a^2 + b^2$ 大于 100，则输出 $a^2 + b^2$ 百位以上的数字，否则输出两数之和。

3. 编程计算分段函数 $y = \begin{cases} x^3, & x < 0, \\ 0, & x = 0, \\ \sqrt{x}, & x > 0 \end{cases}$

输入 x，打印出 y 值。

4. 输入一个不多于 5 位的正整数，编写程序，完成以下功能：

（1）求出它是几位数。

（2）分别打印出每一位数字。

（3）按逆序打印出各位数字，例如原数为 321，应输出 123。

5. 企业发放的奖金根据利润提成。利润低于或等于 10 万元时，奖金可提 10%；利润高于 10 万元，低于 20 万元时，低于 10 万元的部分按 10% 提成，高于 10 万元的部分，可提成 7.5%；20 万元到 40 万元之间时，高于 20 万元的部分，可提成 5%；40 万元到 60 万元之间时，高于 40 万元的部分，可提成 3%；60 万元到 100 万元之间时，高于 60 万元的部分，可提成 1.5%；高于 100 万元时，超过 100 万元的部分按 1% 提成。从键盘输入当月利润 r，求应发放奖金总数。

6. 用户从键盘输入一个整数 n，求 n 以内（不包括 n）同时被 5 或 11 整除的所有自然数之和的平方根 s。例如：n = 1000 时，s = 96.979379。

7. 用 switch 语句编写一个程序，要求用户输入一个两位的整数，显示这个数的英文单词。例如：输入 45，显示 forty – five。注意：对 11 ~ 19 要进行特殊处理。

3.3　循环结构程序设计

一、选择题

1. 下述循环的循环次数是（　　　）。

```
int k = 2;
  while (k = 0)
    printf ("%d", k);
    k -- ;
  printf ("\n");
```

　A. 无限次　　　　　B. 0 次　　　　　　C. 1 次　　　　　　D. 2 次

2. 有以下程序段：

```
int k = 0;
while (k = 1)
  k ++ ;
```

while 循环执行的次数是（　　　）。

A. 无限次 B. 有语法错，不能执行

C. 一次也不执行 D. 执行一次

3. 下述语句执行后，变量 k 的值是(   )。

int k = 1；

while （k + + ＜10）；

A. 10 B. 11

C. 9 D. 无限循环，值不定

4. 有以下程序

#include ＜stdio. h＞

void main （   ）

｛ int n = 10；

  while （n＞7）

  ｛ n = n − 1；

    printf （"% d", n）；

  ｝

｝

以上程序运行后的输出结果是(   )。

A. 10 9 8 B. 9 8 7 C. 10 9 8 7 D. 9 8 7 6

5. 以下程序运行后的输出结果是(   )。

#include ＜stdio. h＞

void main （ ）

｛ int k = 5；

    while （− − k） printf （"% d ", k − = 3）；

｝

A. 1 B. 2 C. 4 D. 死循环

6. 读下面程序：

#include "stdio. h"

#include "math. h"

｛ float x, y, z；

  scanf （"% f ,% f", &x, &y）；

  z = x/y；

  while （1）

  ｛ if （fabs （z） ＞1. 0）

      ｛x = y； y = z； z = x/y；｝

    else

      break；

```
    }
    printf（"%f"，y）
}
```

若运行时从键盘上输入"3.6，2.4↙"，则输出的结果是（   ）。

   A. 1. 500000   B. 1. 600000   C. 2. 000000   D. 2. 400000

7. 运行以下程序后，如果从键盘上输入 china#↙，则输出的结果是（   ）。

```
#include "stdio. h"
void main（  ）
{ int v1 =0，v2 =0；
  char ch；
  while（（ch = getchar（））！= '#'）
  switch（ch）
  {case 'a'：
  case 'h'：
  default：v1 ++；
  case 'o'：v2 ++；
  }
  printf（"%d,%d"，v1，v2）；
}
```

   A. 2，0   B. 5，0   C. 5，5   D. 2，5

8. 若运行下面程序时，输入 "Adescriptor < CR >"，则以下程序的输出结果是（   ）。

```
#include "stdio. h"
void main（  ）
{ char c；
  int v0 =0，v1 =0，v2 =0；
  do
  switch（c = getchar（））
  {case 'a'：case 'A'：
  case 'e'：case 'E'：
  case 'i'：case 'I'：
  case 'o'：case 'O'：
  case 'u'：case 'U'：v1 ++；
  default：v0 ++；v2 ++；
  }
  while（c！= '\ n'）；
```

```
    printf（"\nv0=%d,v1=%d,v2=%d",v0,v1,v2);
}
```

A. v0=7,v1=4,v2=7   B. v0=8,v1=4,v2=8

C. v0=11,v1=4,v2=11   D. v0=12,v1=4,v2=12

9. 下述程序运行后的输出结果是（   ）。

```
#include "stdio.h"
void main（）
{ char c='A';
  int k=0;
  do
  {switch（c++）
   {case 'A':k++;
    break;
    case 'B':k--;
    case 'C':k+=2;
    break;
    case 'D':k%=2;
    continue;
    case 'E':k*=10;
    break;
    default:k/=3;
   }
   k++;
  }
  while（c<'G'）;
  printf（"k=%d",k）;
}
```

A. k=3   B. k=4   C. k=2   D. k=0

10. 下述程序运行后的输出结果是（   ）。

```
#include "stdio.h"
void main（  ）
{ int x=3;
  do
  {printf（"%d\n",x-=2);}
  while（!（--x））;
}
```

    A. 输出的是 1   B. 输出的是 1 和 - 2

    C. 输出的是 3 和 0   D. 是死循环

11. 对下面 （1） 和 （2） 两个循环语句，（   ）是正确的描述。

    （1） while （1）;

    （2） for （;;）;

    A. （1） 和 （2） 都是无限循环   B. （1） 是无限循环，（2） 错误

    C. （1） 循环一次，（2） 错误   D. （1） 和 （2） 都错

12. 对下述 for 循环语句，下列说法正确的是(   )。

    int i, k;

    for （i = 0, k = -1; k = 1; i + +, k + +）

      printf （"＊＊＊"）;

    A. 判断循环结束的条件非法   B. 是无限循环

    C. 只循环一次   D. 一次也不循环

13. 下述 for 语句的循环次数是(   )。

    int i, x;

    for （i = 0, x = 0; i < = 9&&x! = 876; i + +）

    scanf （"% d", &x）;

    A. 最多循环 10 次   B. 最多循环 9 次

    C. 无限循环   D. 一次也不循环

14. 若 i, j 已定义为 int 型，则以下程序段中内循环的总次数是(   )。

    for （i = 5; i; i - -）

    for （j = 0; j < 4; j + +）

    A. 20   B. 24   C. 25   D. 30

15. 下述循环语句是(   )。

    for （a = 0, b = 0; a < 3&&b! = 3; a + +）;

    A. 是无限循环   B. 循环次数不定   C. 循环 3 次   D. 循环 4 次

16. 以下循环体的执行次数是(   )。

    main （）

    | int i, j;

      for （i = 0, j = 1; i < = j + 1; i + =2, j - -）

      printf （"%d \ n", i）;

    |

    A. 3   B. 2   C. 1   D. 0

17. 以下程序运行后的输出结果是(   )。

    main （）

    | int x = 10, y = 10, i;

```
    for（i＝0；x＞8；y＝＋＋i）
    printf（"％d,％d"，x－－，y）；
    ｝
```

    A. 10，19，2   B. 9，87，6   C. 10，99，0   D. 10，109，1

18. 以下程序执行后，sum 的值是(　　)。

```
    #include "stdio. h"
    void main（）
    ｛ int i，sum；
      for（i＝1；i＜6；i＋＋）
      sum＋＝i；
      printf（"％d＼n"，sum）；
    ｝
```

    A. 15   B. 14   C. 不确定   D. 0

19. 以下程序运行后的输出结果是(　　)。

```
    #include "stdio. h"
    void main（）
    ｛ int a＝0，i；
      for（i＝1；i＜5；i＋＋）
        ｛switch（i）
          ｛case 0：
           case 3：a＋＝2；
           case 1：
           case 2：a＋＝3；
           default：a＋＝5；
          ｝
        ｝
      printf（"％d＼n"，a）；
    ｝
```

    A. 31   B. 13   C. 10   D. 20

20. 若下述程序运行时按如下方式输入数据：

abcdef＜回车＞

则该程序的输出结果是（　　）。

```
    #include "stdio. h"
    void main（　）
    ｛ int k；
      char c；
      for（k＝0；k＜＝5；k＋＋）
        ｛c＝getchar（　）；
```

```
        putchar (c);
      }
      printf ("\ n");
  }
```

A. abcdef   B. a   C. a   D. a b c d e f
                      b
                      c
                      d
                      e
                      f

21. 下述程序运行后的输出结果是(   )。

```
#include "stdio. h"
void main ( )
{ int k =0, m =0;
  int i, j;
  for (i =0; i <2; i ++)
    {for (j =0; j <3; j ++)
      k ++;
      k - =j;
    }
  m =i +j;
  printf ("k =%d, m =%d", k, m);
}
```

A. k =0, m =3   B. k =0, m =5   C. k =1, m =3   D. k =1, m =5

22. 下述程序运行后的输出结果是(   )。

```
#include "stdio. h"
void main ( )
{ int x;
  for (x =1; x < =10; x ++)
  if (++x%2 = =0)
  if (++x%3 = =0)
  if (++x%5 = =0)
    printf ("%d,", x);
}
```

A. 输出 31, 61, 91   B. 输出 30, 60, 90
C. 不输出任何内容   D. 输出 29, 59, 89

23. 下述程序运行后的输出结果是(   )。

```
#include "stdio. h"
void main ( )
```

```
{ int x = 3, y = 6, z = 0;
  while ( x ++ ! = ( y - = 1 ) )。
  { z ++ ;
    if ( y < x )
    break ;
  }
  printf ( "x = % d, y = % d, z = % d", x, y, z) ;
}
```

A. x = 4, y = 4, z = 1   B. x = 5, y = 4, z = 3

C. x = 5, y = 5, z = 1   D. x = 5, y = 4, z = 1

24. 下述程序运行后的输出结果是( )。

```
#include "stdio. h"
void main ( )
{ int a, b;
  for ( a = 1, b = 1; a < = 100; a ++ )
  { if ( b > = 20 ) break ;
    if ( b%3 = = 1 )
      { b + = 3 ;
        continue ;
      }
    b - = 5 ;
  }
  printf ( "%d \ n", a) ;
}
```

A. 7   B. 8   C. 9   D. 10

25. 设 x, y 均为 int 型变量，则执行下面的循环后，y 的值为( )。

```
for ( y = 1, x = 1; y < = 50; y ++ )
{ if ( x > = 10 ) break ;
  if ( x%2 = = 1 )
    { x + = 5 ;
      continue ;
    }
  x - = 3 ;
}
```

A. 2   B. 4   C. 6   D. 8

26. 以下程序运行后的输出结果是( )。

```
main ( )
```

```
{ int i;
  for ( i = 1；i < 6；i ++ )
  { if ( i%2 ) { printf ( "#" )；continue；}
    printf ( " * " )；
  }
  printf ( " \ n" )；
}
```

A. # * # * #   B. #####   C. * * * * *   D. * # * # *

27. 以下程序运行后的输出结果是(   )。

```
#include "stdio. h"
void main ( )
{ int i = 0, a = 0；
  while ( i < 20 )
    { for ( ；；)
        { if ( ( i%10 ) = = 0 )
            break；
          else
            i -- ；
        }
      i + = 11；
      a + = i；
    }
  printf ( "%d \ n", a )；
}
```

A. 21   B. 32   C. 33   D. 11

28. 以下程序运行后的输出结果是(   )。

```
int a, y；
a = 10；y = 0；
do
{ a + = 2；y + = a；
  printf ( "a = %d y = %d \ n", a, y )；
  if ( y > 20 ) break；
}
while ( a = 14 )；
```

A. a = 12 y = 12   B. a = 12 y = 12   C. a = 12 y = 12   D. a = 12 y = 12

   a = 14 y = 16   a = 16 y = 28   a = 14 y = 26   a = 14 y = 44

   a = 16 y = 20

29. 下述程序运行后的输出结果是( )。

```
#include "stdio. h"
void main ( )
{ int y =9;
    for ( ; y >0; y -- )
     { if ( y%3 = =0)
       { printf ( "% d", -- y);
          continue;
       }
     }
}
```

    A. 741   B. 852   C. 963   D. 875421

30. 以下程序运行后的输出结果是( )。

```
#include < stdio. h >
main ( )
{ int i =0, a =0;
    while ( i < 20)
    { for ( ; ; )
    { if ( ( i% 10) = =0) break;
    else i -- ;
    }
    i + =11; a + =i;
    }
    printf ( "% d \ n", a);
}
```

    A. 21   B. 32   C. 33   D. 11

二、填空题

1. 以下程序的功能是：从键盘上输入若干个学生的成绩，统计并输出最高成绩和最低成绩，当输入为负数时结束输入，请填空。

```
#include "stdio. h"
void main ( )
{ float x, amax, amin;
    scanf ( "% f", &x);
    amax = x;
    amin = x;
```

```
        while （    【1】    ）
          { if （x > amax） amax = x；
            if （    【2】    ） amin = x；
            scanf （"% f"， &x）；
             }
          printf （"\ n amax = % f \ n amin = % f \ n"， amax， amin）；
      }
      【1】_____  【2】_____
```

2. 下面程序段是从键盘输入的字符中统计数字字符的个数，用换行符结束循环。请填空。

```
      int n = 0， c；
      c = getchar （）；
      while （    【1】    ）
      { if （    【2】    ） n + +；
        c = getchar （）；
      }
      【1】_____  【2】_____
```

3. 1020 个西瓜，第一天卖一半多两个，以后每天卖剩下的一半多两个，几天以后能卖完？请填空。

```
      #include "stdio. h"
      void main （）
      { int day， x1， x2；
        day = 0；
        x1 = 1020；
        while （    【1】    ）
        { x2 =    【2】    ；
          x1 = x2；
          day + +；
        }
        printf （"day = % d \ n"， day）；
      }
      【1】_____  【2】_____
```

4. 下面程序的功能是用"辗转相除法"求两个正整数的最大公约数。请填空。

```
      #include "stdio. h"
      void main （）
      { int r， m， n；
```

```
scanf（“% d% d”, &m, &n）;
if（m < n）  【1】  ;
r = m% n;
while（r）
｛ m = n;
   n = r;
   r =  【2】  ;
｝
printf（“% d \ n”, n）;
｝
```

【1】 _____ 【2】 _____

5. 下面程序的功能是用 do – while 语句求 1 至 1000 之间满足"用 3 除余 2, 用 5 除余 3, 用 7 除余 2"的数, 且一行只打印 5 个数。请填空。

```
#include “stdio. h”
void main（ ）
｛ int i = 1, j = 0;
   do
   ｛if（  【1】  ）
   ｛printf（“% 4d”, i）;
   j = j + 1;
   if（  【2】  ）printf（“ \ n”）;
   ｝
   i = i + 1;
   ｝
   while（i < 1000）;
｝
```

【1】 _____ 【2】 _____

6. 下面程序的功能是统计正整数的各位数字中 0 的个数, 并求各位数字中的最大者。请填空。

```
#include “stdio. h”
void main（   ）
｛ int n, count, max, t;
   count = max = 0;
   scanf（“% d”, &n）;
   do
   ｛t =  【1】 ;
```

```
if (t = =0) ++count;
else if (max<t) 【2】 ;
n/ =10;
}
while (n);
printf ("count = %d, max = %d", count, max);
}
```
【1】 _____ 【2】 _____

7. 下面程序段的功能是找出整数 x 的所有因子。请填空。
```
scanf ("%d", &x);
i =1;
for (; 【1】 ;)
{ if (x%i = =0) printf ("%3d", i);
    i ++;
}
```
【1】 _____

8. 鸡、兔共有 30 只，脚共有 90 个，下面程序段是计算鸡、兔各有多少只。请填空。
```
for (x =1; x< =29; x ++)
{ y =30 - x;
    if ( 【1】 ) printf ("%d,%d \ n", x, y);
}
```
【1】 _____

9. 下面程序的功能是计算 1 - 3 + 5 - 7 + ⋯ - 99 + 101 的值。请填空。
```
#include "stdio. h"
void main ( )
{ int i, t =1, s =0;
    for (i =1; i< =101; i + =2)
    { 【1】 ;
    s = s + t;
        【2】 ;
    }
    printf ("%d \ n", s);
}
```
【1】 _____ 【2】 _____

10. 下面程序的功能是输出 1 到 100 之间每位数的乘积大于每位数的和的数。请填空。
```
#include "stdio. h"
```

```
void main (  )
{ int n, k = 1, s = 0, m;
  for (n = 1; n < = 100; n + + )
  { k = 1;
  s = 0;
   【1】 ;
  while (  【2】  )
  { k * = m%10;
  s + = m%10;
   【3】 ;
  }
  if (k > s) printf ( "%d", n);
  }
}
```

【1】_____ 【2】_____ 【3】_____

11. 下面程序的功能是求 1000 以内的所有完全数。请填空。

```
#include "stdio. h"
void main (  )
{ int a, i, m;
  for (a = 1; a < = 1000; a + + )
  { for ( 【1】 ; i < = a/2; i + + )
  if (! (a%i)) 【2】 ;
  if (m = = a) printf ( "%4d", a);
  }
}
```

【1】_____ 【2】_____

12. 下面程序的功能是计算 100 到 1000 之间有多少个数其各位数字之和是 5。请填空。

```
#include "stdio. h"
void main (  )
{ int i, s, k, count = 0;
  for (i = 100; i < = 1000; i + + )
  { s = 0;
  k = i;
  while (  【1】  )
  { s = s + k%10;
```

```
        k =  【2】  ;
      }
   if ( s = =5 ) count ++ ;
   }
   printf ( "% d", count);
}
```

【1】_____ 【2】_____

13. 下面程序的功能是从键盘输入的 10 个整数中，找出第一个能被 7 整除的数。若找到，打印此数后退出循环；若未找到，打印 "not exit"。请填空。

```
#include "stdio. h"
void main (   )
{ int i, a;
   for ( i =1; i < =10; i ++ )
   { scanf ( "% d", &a);
    if ( a%7 = =0 )
    { printf ( "% d", a);
       【1】  ;
    }
   }
   if (  【2】  ) printf ( "not exit");
}
```

【1】_____ 【2】_____

14. 下面程序的功能是打印 100 以内个位数为 6 且能被 3 整除的所有数。请填空。

```
#include "stdio. h"
void main (   )
{ int i, j;
   for ( i =0;  【1】  ; i ++ )
   { j = i * 10 +6;
    if (  【2】  ) continue;
    printf ( "% d", j);
   }
}
```

【1】_____ 【2】_____

15. 下面程序的功能是计算 1 到 20 之间的奇数之和、偶数之和。请填空。

```
#include  < stdio. h >
void main (   )
```

```
{
    int a, b, c, i;
    a = c = 0;
    for (i = 0; i < = 10; i + = 2)
    {
        a + = i;
        ___【1】___;
    c + = b;
    }
    printf ("偶数之和:%d\n", a);
    printf ("奇数之和:%d\n", c - 21);
}
```

【1】_____

16. 已知如下公式：

$$\frac{\pi}{2} = 1 + \frac{1}{3} + \frac{1 \times 2}{3 \times 5} + \frac{1 \times 2 \times 3}{3 \times 5 \times 7} + \frac{1 \times 2 \times 3 \times 4}{3 \times 5 \times 7 \times 9}$$

函数 pi 的功能是根据上述公式计算满足精度要求的 π 值。请填空。

```
double pi (double eps)
{
    double s = 0.0, t = 1.0;
    int n;
    for (n = 1; ___【1】___; n + + )
    {
        s + = t;
        t = n * t/ (2 * n + 1)
    }
    return ___【2】___;
}
```

【1】_____ 【2】_____

三、程序分析题

1. 以下程序运行后的输出结果为_____。

```
main ( )
{ int x = 15;
    while (x > 10&&x < 50)
    {x + + ;
```

```
    if（x/3）｛x++；break；｝
      else continue；
    ｝
    printf（"%d\n"，x）；
  ｝
```

2. 若程序运行时的输入数据是"2473"，则下述程序的输出结果是_____。

```
#include ＜stdio.h＞
void main（）
｛
int cx；
while（（cx=getchar（））！=＇\n＇）
｛
switch（cx-＇2＇）
｛
case 0：
case 1：putchar（cx+4）；
case 2：putchar（cx+4）；break；
case 3：putchar（cx+3）；
default：putchar（cx+2）；
｝
｝
｝
```

3. 下述程序运行后的输出结果是_____。

```
main（）
｛ int i；
   for（i=0；i＜3；i++）
   switch（i）
   ｛case 1：printf（"%d"，i）；
     case 2：printf（"%d"，i）；
     default：printf（"%d"，i）；
   ｝
｝
```

4. 下述程序运行后的输出结果是_____。

```
#include "stdio.h"
void main（）
｛ int s=0，k；
```

```
for （k =7； k >4； k --）
｛switch （k）
  ｛case 1：
   case 4：
   case 7： s ++； break；
   case 2：
   case 3：
   case 6： break；
   case 0：
   case 5： s + =2； break；
   ｝
  ｝
  printf （"s = % d"， s）；
｝
```

5. 下述程序运行后的输出结果是_____。

```
#include "stdio. h"
void main （）
｛ int i， j；
  for （i =0； i <3； i ++）
  ｛for （j =4； j > =0； j --）
   ｛if （ （j +i）% 2）
    ｛j --；
     printf （"% d,"， j）；
     continue；
    ｝
   j --；
   printf （"% d,"， j）；
   ｝
  ｝
｝
```

四、编程题

1. 输入任意个正整数，若输入负数则结束输入，求其中能被 3 整除但不能被 7 整除的整数的个数。

2. 一个数如果刚好与它所有的真因子之和相等，则称该数为一个"完数"，如：6 = 1 +2 +3，则 6 就是一个完数。求出 200 到 500 之间所有的完数之和。

3. 猴子吃桃问题。猴子第一天摘下若干个桃子,当即吃了一半,还不过瘾,又多吃了一个。第二天早上又将剩下的桃子吃了一半,又多吃了一个。以后每天早上都吃了前一天剩下的一半零一个。到第十天早上想吃时,就只剩下一个了。求第一天共摘下多少个桃子。

4. 百鸡问题。有三种鸡:公鸡,母鸡,小鸡。要求用一百元钱买一百只鸡,三种鸡都有,公鸡五元钱一只,母鸡三元钱一只,小鸡一元钱三只。

5. 在 $[200, 600]$ 范围内有满足以下条件的十进制数:其个位数字与十位数字之和除以 10 所得的余数是百位数字。有多少个这样的数?

6. 有 1,2,3,4 个数字,能组成多少个互不相同且无重复数字的三位数? 分别是多少?

7. 输出 9 × 9 口诀表。

8. 计算并输出下列多项式的值。

1) $S = (1 + \frac{1}{2}) + (\frac{1}{3} + \frac{1}{4}) + \cdots + (\frac{1}{2n-1} + \frac{1}{2n})$

例如:若从键盘输入 n 为 12,则输出 $S = 3.775958$。

n 的值要求大于 1,但不大于 100。

2) $S = (1 - \ln 1 - \ln 2 - \ln 3 - \cdots - \ln m)^2$

例如:若 m 值为 15,S 值为 723.570801。

3) $S = 1 - x + \frac{x^2}{2!} - \frac{x^3}{3!} + \cdots \frac{(-1 \times x)^n}{n!}$

当 n = 15,x = 0.5 时,S 为 0.606531。

9. 求 Fibonacci 数列中小于 t 的最大的一个数。其中 Fibonacci 数列 F(n) 的定义为

F(0) = 0,F(1) = 1

F(n) = F(n-1) + F(n-2)

例如:t = 1000 时,函数值为 987。

10. 计算并输出给定整数 n 的所有因子(不包括 1 与自身)的平方和(规定 n 的值不大于 100)。

例如:主函数从键盘输入 n 的值为 56,则输出为 sum = 1113。

11. 打印如下图案。

```
* * * * * *        * * * * * *           *
  * * * * *          * * * * *          * *
    * * * * *          * * *          * * *
      * * * * * *        *          * * * *
```

阶段复习（二）

1. 以下不能输出字符 A 的语句是（注：字符 A 的 ASCII 码值为 65，字符 a 的 ASCII 码值为 97）（   ）。

    A. printf（"%c\n"，65）；
    B. printf（"%c\n"，'a'－32）；

    C. printf（"%d\n"，'A'）；
    D. printf（"%c\n"，'B'－1）；

2. 若 a 是数值类型，则逻辑表达式（a==1）||（a! =1）的值是（   ）。

    A. 0
    B. 1

    C. 2
    D. 不知道 a 的值，不能确定

3. 设有定义：int a＝1，b＝2，c＝3；

    以下语句中执行效果与其他三个不同的是（   ）。

    A. if（a＞b）c＝a，a＝b，b＝c；
    B. if（a＞b）{c＝a，a＝b，b＝c；}

    C. if（a＞b）c＝a；a＝b；b＝c；
    D. if（a＞b）{c＝a；a＝b；b＝c；}

4. 有以下程序

```
#include <stdio.h>
main（）
{ int  y＝10;
   while（y－－）; printf（"y＝%d\n"，y）;
}
```

    程序运行后的输出结果是（   ）。

    A. y＝0
    B. y＝－1

    C. y＝1
    D. while 构成无限循环

5. 有以下程序

```
#include <stdio.h>
main（）
{
  int i, j;
  for（i＝1; i＜4; i++）
   {
     for（j＝i; j＜4; j++）printf（"%d*%d=%d"，i，j，i*j）;
     printf（"\n"）;
   }
```

```
}
```

程序运行后的输出结果是（　　　）。

A. 1 * 1 = 1　1 * 2 = 2　1 * 3 = 3

　　2 * 2 = 4　2 * 3 = 6

　　3 * 3 = 9

B. 1 * 1 = 1　1 * 2 = 2　1 * 3 = 3

　　2 * 1 = 2　2 * 2 = 4

　　3 * 1 = 3

C. 1 * 1 = 1

　　1 * 2 = 2　2 * 2 = 4

　　1 * 3 = 3　2 * 3 = 6　3 * 3 = 9

D. 1 * 1 = 1

　　2 * 1 = 2　2 * 2 = 4

　　3 * 1 = 3　3 * 2 = 6　3 * 3 = 9

6. 有以下程序

```
#include < stdio. h >
main ( )
{ int   i = 5;
   do
   { if (i%3 = = 1)
     if (i%5 = = 2)
     { printf ( " * % d", i); break; }
       i + + ;
   } while (i! = 0);
   printf ( " \ n");
}
```

程序运行后的输出结果是（　　　）。

A. * 7　　　　　　B. * 3 * 5　　　　　　C. * 5　　　　　　D. * 2 * 6

7. 以下选项中不能作为 C 语言合法常量的是（　　　）。

A. ' \ 011'　　　　　B. 0. 1e + 6　　　　　C. " \ a"　　　　　D. 'cd'

8. if 语句的基本形式是：if（表达式）语句，以下关于"表达式"值的叙述中正确的是（　　　）。

A. 必须是逻辑值　　　　　　　　　　　B. 必须是整数值

C. 必须是正数　　　　　　　　　　　　D. 可以是任意合法的数值

9. 有如下嵌套的 if 语句

if（a < b）

```
    if （a＜c） k＝a；
    else k＝c；
else
    if （b＜c） k＝b；
    else k＝c；
```

以下选项中与上述 if 语句等价的语句是 （　　　）。

A. k＝（a＜b）？ （ （a＜c）？ a：c）：（ （b＜c）？ b：c）；

B. k＝（a＜b）？ （ （b＜c）？ a：b）：（ （b＞c）？ b：c）；

C. k＝（a＜b）？ a：b； k＝（b＜c）？ b：c；

D. k＝（a＜b）？ a：b； k＝（a＜c）？ a：c；

10. 有以下程序

```
#include ＜stdio. h＞
 main （ ）
｛ int k＝5；
    while （－－k） printf （ "％d"， k－＝3）；
    printf （ "＼n"）；
｝
```

程序运行后的输出结果是 （　　　）。

A. 2　　　　　　　B. 1　　　　　　　C. 4　　　　　　　D. 死循环

11. 有以下程序

```
#include ＜stdio. h＞
main （ ）
｛ int   i， j；
    for （i＝3； i＞＝1； i－－）
    ｛for （j＝1； j＜＝2； j++）
      printf （ "％d"， i＋j）；
      printf （ "＼n"）；
    ｝
    ｝
```

程序运行后的输出结果是 （　　　）。

A. 233445　　　　B. 432543　　　　C. 453423　　　　D. 233423

12. 有以下程序

```
#include ＜stdio. h＞
main （ ）
｛ int   k＝5， n＝0；
```

```
    do
    ｛switch （k）
      ｛ case 1：case 3：  n + = 1；   k － －；    break；
         default：n = 0；k － －；
           case 2：case 4：n + = 2；   k － －；    break；
      ｝
      printf （"% d"，n）；
    ｝ while （k > 0&&n < 5）；
  ｝
```

程序运行后的输出结果是 （   ）。

A. 2356　　　　　　　B. 0235　　　　　　　C. 02356　　　　　　　D. 235

13. 有以下定义语句，编译时会出现编译错误的是 （   ）。

A. char a = "aa"；　　　　　　　　　　　B. char a = '＼ n'；

C. char a = 'a'；　　　　　　　　　　　　D. char a = '＼ x2d'；

14. 当变量 c 的值不为 2、4、6 时，值也为 "真" 的表达式是 （   ）。

A. （c = = 2） ｜｜ （c = = 4） ｜｜ （c = = 6）

B. （c > = 2&&c < = 6） ｜｜ （c！ = 3） ｜｜ （c！ = 5）

C. （c > = 2&&c < = 6） &&！ （c%2）

D. （c > = 2&&c < = 6） && （c%2！ = 1）

15. 有以下计算公式 $y = \begin{cases} \sqrt{x} & (x \geqslant 0) \\ \sqrt{-x} & (x < 0) \end{cases}$

若程序前面已在命令行中包含 math. h 文件，不能够正确计算上述公式的程序段是 （   ）。

A. y = sqrt （x > = 0? x： － x）；

B. if （x > = 0） y = sqrt （x）； else   y = sqrt （－ x）；

C. if （x > = 0） y = sqrt （x）； if （x < 0） y = sqrt （－ x）；

D. y = sqrt （x）； if （x < 0） y = sqrt （－ x）；

16. 有以下程序

```
#include < stdio. h >
main （ ）
｛ int  y = 10；
  while （y － －）；
  printf （"y = % d ＼ n"，y）；
｝
```

程序运行后的输出结果是（　　　）。

A. y = 1　　　　　　　　　　　　　B. y = 0

C. y = −1　　　　　　　　　　　　D. while 构成无限循环

17. 有以下程序

```
#include < stdio. h >
main （ ）
{  int   i;
   for （i = 1；i < = 40；i + +）
   {if （i + +% 5 == 0）
     if （+ + i% 8 == 0） printf （"% d"，i）；
   }
   printf （"\ n"）;
}
```

程序运行后的输出结果是（　　　）。

A. 5　　　　　　B. 24　　　　　　C. 32　　　　　　D. 40

18. 有以下程序

```
#include < stdio. h >
main （ ）
{  int   s;
   scanf （"% d"，&s）;
   while （s > 0）
   {  switch （s）
     {case 1：printf （"% d"，s + 5）;
      case 2：printf （"% d"，s + 4）; break;
      case 3：printf （"% d"，s + 3）;
      default：printf （"% d"，s + 1）; break;
     }
     scanf （"% d"，&s）;
   }
}
```

运行时，若输入 1　2　3　4　5　0 < 回车 >，则输出结果是（　　　）。

A. 6666656　　　　　　　　　　B. 66656

C. 66666　　　　　　　　　　　D. 6566456

19. 已知字符'A'的 ASCII 码值是 65，字符变量 c1 的值是'A'，c2 的值是'D'。则执行
语句

printf（"% d,% d"，c1，c2 - 2）；

的输出结果是（　　）。

A. 65，66　　　　　　　　　　　B. A，68

C. A，B　　　　　　　　　　　D. 65，68

20. 以下选项中，当 x 为大于 1 的奇数时，值为 0 的表达式是（　　）。

A. x% 2！ = 0　　　　　　　　B. x/2

C. x% 2 == 0　　　　　　　　D. x% 2 == 1

21. 有以下程序

```
#include < stdio. h >
main（）
{ int x；
    scanf（"% d"，&x）；
  if（x < = 3）；
  else
    if（x！ = 10）printf（"% d \ n"，x）；
}
```

程序运行时，输入的值在哪个范围才会有输出结果？（　　）。

A. 小于 3 的整数　　　　　　　B. 不等于 10 的整数

C. 大于 3 或等于 10 的整数　　　D. 大于 3 且不等于 10 的整数

22. 有以下程序

```
#include < stdio. h >
main（）
{ int a = 7；
  while（a -- ）；
  printf（"% d \ n"，a）；
}
```

程序运行后的输出结果是（　　）。

A. 1　　　　　B. 0　　　　　C. - 1　　　　　D. 7

23. 有以下程序

```
#include < stdio. h >
main（）
{
    char b，c；
    int  i；
    b = 'a'；
```

```
        c = ′A′;
        for (i = 0; i < 6; i++)
        {
            if (i%2) putchar (i + b);
                else putchar (i + c);
        }
        printf ("\n");
}
```

程序运行后的输出结果是（   ）。

A. aBcDeF   B. ABCDEF   C. AbCdEf   D. abcdef

24. 有以下程序

```
#include < stdio. h >
main ( )
{
    int i, j, x = 0;
    for (i = 0; i < 2; i++)
    {
        x++;
        for (j = 0; j < =3; j++)
        {
            if (j%2) continue;
            x++;
        }
        x++;
    }
    printf ("x = %d\n", x);
}
```

程序运行后的输出结果是（   ）。

A. x = 12   B. x = 4   C. x = 6   D. x = 8

25. 已知大写字母 A 的 ASCII 码值是 65，小写字母 a 的 ASCII 码值是 97。以下不能将变量 c 中的大写字母转换为对应小写字母的语句是（   ）。

A. c = (′A′ + c)%26 − ′a′   B. c = c + 32

C. c = c − ′A′ + ′a′   D. c = (c − ′A′)%26 + ′a′

26. 在以下给出的表达式中，与 while (E) 中的（E）不等价的表达式是（   ）。

A. (E > 0 | | E < 0)   B. (E == 0)

C．（！E==0）　　　　　　　　　　D．（E！=0）

27. 以下程序段中，与语句：　k＝a＞b？（b＞c？1：0）：0；功能相同的是（　　）。

A. if （a＞b） k＝1；else if （b＞c） k＝1；else k＝0；

B. if （ （a＞b） ∣∣ （b＞c）） k＝1；else k＝0；

C. if （a＜＝b） k＝0；else if （b＜＝c） k＝1；

D. if （ （a＞b） && （b＞c）） k＝1；else k＝0；

28. 有以下程序

```
#include < stdio. h >
main ( )
{ int a = 1, b = 2;
  for （a<8；a ++） {b + = a；a + =2；}
  printf （"%d,%d \ n", a, b）；
}
```

程序运行后的输出结果是（　　）。

A. 7，11　　　　　B. 8，11　　　　　C. 10，14　　　　D. 9，18

29. 有以下程序

```
#include < stdio. h >
main ( )
{ int  i, j, m = 55;
  for （i =1；i <＝3；i ++）
  for （j =3；j <＝i；j ++） m = m%j；
  printf （"%d \ n", m）；
}
```

程序运行后的输出结果是（　　）。

A. 0　　　　　　　B. 1　　　　　　C. 2　　　　　　D. 3

30. 有以下程序

```
#include < stdio. h >
main ( )
{
    int x = 8;
    for （x >0；x --）
    {
     if （x%3）
     {
       printf （"%d,", x -- ）；
```

```
    continue；
  ｝
  printf（"％d，"， --x）；
  ｝
｝
```

程序运行后的输出结果是（　　）。

A. 8，7，5，2，   B. 8，5，4，2，

C. 9，7，6，4，   D. 7，4，2，

31. 有以下程序

```
#include < stdio. h >
main（ ）
｛
    char c1，c2，c3，c4，c5，c6；
    scanf（"％c％c％c％c"，&c1，&c2，&c3，&c4）；
    c5 = getchar（ ）；
    c6 = getchar（ ）；
    putchar（c1）；
    putchar（c2）；
    printf（"％c％c \ n"，c5，c6）；
｝
```

程序运行后，若从键盘输入（从第 1 列开始）

  123 < 回车 >

  45678 < 回车 >

则输出结果是（　　）。

A. 1245   B. 1256   C. 1278   D. 1267

32. 以下选项中与

if（a == 1）a = b；

else a ++；

语句功能不同的 switch 语句是（　　）。

A. switch（a）

 ｛ default：a + +；break；

  case 1：a = b；

   ｝

B. switch（a）

 ｛ case 1：a = b；break；

  default：a ++；

```
            }
   C. switch（a = =1）
      { case 0：a = b；break；
        case 1：a ++ ；
      }
   D. switch（a ==1）
      { case 1：a = b；break；
        case 0：a + + ；
      }
```

33. 若变量已正确定义，有以下程序段

```
i = 0；
do   printf（"%d，"，i）；while（i + +）；
printf（"%d \ n"，i）；
```

程序运行后的输出结果是（　　　）。

A. 0，0　　　　　　　　　　　　　　B. 0，1

C. 1，1　　　　　　　　　　　　　　D. 程序进入无限循环

34. 有以下程序

```
#include < stdio. h >
main（）
{ int a = 1，b = 2，c = 3，d = 0；
  if（a = =1&&b ++ ==2）
  if（b! =2 | | c - - ! =3）
  printf（"%d,%d,%d \ n"，a，b，c）；
  else printf（"%d,%d,%d \ n"，a，b，c）；
  else printf（"%d,%d,%d \ n"，a，b，c）；
}
```

程序运行后的输出结果是（　　　）。

A. 1，2，3　　　　B. 1，3，2　　　　C. 1，3，3　　　　D. 3，2，1

35. 有以下程序段

```
int i，n；
for（i = 0；i < 8；i + +）
{ n = rand（）% 5；
  switch（n）
  { case 1：
    case 3：printf（"%d \ n"，n）；break；
    case 2：
```

```
    case 4：printf（"%d\n", n）；continue；
      case 0：exit（0）；
    }
    printf（"%d\n", n）；
}
```

以下关于程序段执行情况的叙述，正确的是（   ）。

A. 当产生的随机数 n 为 0 时结束程序运行

B. 当产生的随机数 n 为 4 时结束循环操作

C. 当产生的随机数 n 为 1 和 2 时不做任何操作

D. for 循环语句固定执行 8 次

36. 以下选项中，值为 1 的表达式是（   ）。

A. '1'－0   B. 1'0'   C. 1－'\0'   D. '\0'－'0'

37. 当变量 c 的值不为 2、4、6 时，值为"真"的表达式是（   ）。

A. （c>=2&&c<=6）&&（c%2！=1）

B. （c==2）||（c==4）||（c==6）

C. （c>=2&&c<=6）&&！（c%2）

D. （c>=2&&c<=6）||（c！=3）||（c！=5）

38. 下列条件语句中，输出结果与其他语句不同的是（   ）。

A. if（a==0）printf（"%d\n", x）；
   else printf（"%d\n", y）；

B. if（a==0）printf（"%d\n", y）；
   else printf（"%d\n", x）；

C. if（a！=0）printf（"%d\n", x）；
   else printf（"%d\n", y）；

D. if（A. printf（"%d\n", x）；
   else printf（"%d\n", y）；

39. 有以下程序

```
#include<stdio.h>
main（）
{ int  x=1, y=2, z=3;
  if（x>y）
  if（y<z）printf（"%d", ++z）；
  else  printf（"%d", ++y）；
  printf（"%d\n", x++）；
}
```

程序运行后的输出结果是（   ）。

A. 2   B. 41   C. 1   D. 331

40. 要求通过 while 循环不断读入字符，当读入字母 N 时结束循环。若变量已正确定义，则以下正确的程序段是（　　）。

A. while（ch = getchar（）　= ′N′）printf（／ "% c"，ch）;

B. while（（ch = getchar（））! = ′N′）printf（ "% c"，ch）;

C. while（ch = getchar（）　= = ′N′）printf（ "% c"，ch）;

D. while（（ch = getchar（））　= = ′N′）printf（ "% c"，ch）;

41. 以下叙述中正确的是（　　）。

A. continue 语句的作用是使程序的执行流程跳出包含它的所有循环

B. break 语句只能用在循环体内和 switch 语句体内

C. 在循环体内使用 break 语句和 continue 语句的作用相同

D. break 语句只能用于 switch 语句体中

42. 若有以下程序

```
#include < stdio. h >
main（）
{ int a =1，b =2，c =3，d =4;
  if（（a =2）｜｜（b =1））c =2;
  if（（c = =3）&&（d = -1））a =5;
  printf（ "% d,% d,% d,% d \ n"，a，b，c，d）;
}
```

则程序运行后的输出结果是（　　）。

A. 2，2，2，4　　　　　　　　　B. 2，1，2，-1

C. 5，1，2，-1　　　　　　　　　D. 1，2，3，4

43. 若有以下程序

```
#include < stdio. h >
main（）
{ int a =1，b =2，c =3，d =4，r =0;
  if（a! =1）; else  r =1;
  if（b = =2）r + =2;
  else; if（c! =3）r + =3;
  else; if（d = =4）r + =4;
  printf（ "% d \ n"，r）;
}
```

则程序运行后的输出结果是（　　）。

A. 3　　　　　　　B. 10　　　　　　　C. 6　　　　　　　D. 7

44. 若有以下程序

```
#include < stdio. h >
main（）
```

《C 语言程序设计》

实验（上机）报告

班级 _____ 学号 _____ 姓名 _____

附录 2：《C 语言程序设计》实验（上机）报告

班级·学号_____   姓名_____   实验日期_____   任课教师_____

实验名称	实验一　C 语言程序开发环境、数据类型及表达式	验证型

一、实验目的及要求

1. 掌握编辑 C 源程序的方法，熟悉开发、运行 C 语言程序的全过程。
2. 在 VC 编译环境下练习对 C 源文件进行编译和简单查错。
3. 掌握 C 语言中各种常量的表示形式及变量的定义。
4. 掌握 C 语言中各种运算符的作用、优先级和结合性，能熟练运用各种表达式。
5. 掌握不同类型数据运算时数据类型的转换规则，了解表达式语句，尤其是赋值语句。

二、上机内容：

1. 编写程序实现在屏幕上显示以下结果：

   The dress is long

   The shoes are big

   The trousers are black

2. 改错题（将正确程序写在指定位置）

改正下列程序中的错误，在屏幕上显示商品价格表（源程序附后面）。

输入输出示例	正确的程序为：

商品名称　　　　　　价格
TCL 电视机　　　　　¥7600
美的空调　　　　　　¥2000
SunRose 键盘　　　　¥50.5
源程序（有错误的程序）
#include ＜stdio.h＞
mian ( )
{
　printf("商品名称　　　　价格 \ n");
　printf("TCL 电视机　　　¥7600")
　printf("美的空调　　　　¥2000")
　printf("SunRose 键盘　　¥50.5")
}	

3. 编写程序：已知 a＝150，b＝20，c＝45，编写求 a/b、a/c（商）和 a%b、a%c（余数）的程序。

   输入输出示例

   a/b 的商＝7

   a/c 的商＝3

   a%b 的余数＝10

   a%c 的余数＝15

4. 编写程序：设变量 a 的值为 0，b 的值为 -10，编写程序：当 a＞b 时，将 b 赋给 c；当 a＜＝b 时，将 a 赋给 c。（提示：用条件运算符）

三、实验平台
　　Windows 98 或 2000 或 XP 以上版本　　　VC6.0 以上版本

四、程序清单
　　（写出上机内容 1、3、4 的源程序）

五、调试和测试结果（调试中出现的典型问题及解决方法，测试结果是否正确或具体值等）

六、教师批语与成绩评定：

　　评语：

　　成绩：　☐　优　　☐　良　　☐　中　　☐　及格　　☐　不及格

　　　　评阅教师：　　　　　　评阅日期：　　　　　年　　　月　　　日

《C 语言程序设计》实验(上机)报告

班级·学号_____   姓名_____   实验日期_____   任课教师_____

实验名称	实验二　顺序结构程序设计	验证型

一、实验目的及要求

1. 熟悉 C 语言的表达式语句、空语句和复合语句。
2. 熟悉函数调用语句,尤其是输入输出函数调用语句。
3. 熟悉顺序结构程序中语句的执行过程。
4. 能设计简单的顺序结构程序。

二、上机内容

1. 键盘输入与屏幕输出练习

问题1　要使下面程序的输出语句在屏幕上显示1,2,34,则从键盘输入的数据格式应为以下备选答案中的_____。

```
#include < stdio. h >
main (    )
{
    char a, b;
    int c;
    scanf("% c% c% d", &a, &b, &c);
    printf("% c,% c,% d \ n", a, b, c);
}
```

a)1 2 34　　　　　　　　　　b)1, 2, 34
c)'1', '2', 34　　　　　　　d)12 34

问题2　在与上面程序的键盘输入相同的情况下,要使上面程序的输出语句在屏幕上显示1 2 34,则应修改程序中的哪条语句?怎样修改?

问题3　要使上面程序的键盘输入数据格式为1,2,34,输出语句在屏幕上显示的结果也为1,2,34,则应修改程序中的哪条语句?怎样修改?

问题4　要使上面程序的键盘输入数据格式为1,2,34,而输出语句在屏幕上显示的结果为'1','2',34,则应修改程序中的哪条语句?怎样修改?

［提示:利用转义字符输出单引号字符。］

2. 编写程序

(1)从键盘输入两个八进制数,计算两数之和并分别用十进制数和十六进制数形式输出。

输入输出示例

Enter a and b：20 30

d：40

x：28

(2)编写程序:从键盘输入两个实数 a 和 x,按公式计算并输出 y 的值:

$$y = a^5 + \sin(ax) + \ln(a+x) + e^{ax}$$

输入输出示例

Enter a , x：1.0, 0.0

y = 2.000000

3. 改错题

改正下列程序中的错误。从键盘输入 3 个整数 a、b、c，计算这 3 个整数的和 s，并以 "s = a + b + c" 和 "a + b + c = s" 的形式输出 a、b、c 和 s 的值。请不要删除源程序中的注释。（源程序附后面）

输入输出示例

<u>3 4 5</u>

12 = 3 + 4 + 5

3 + 4 + 5 = 12

源程序（有错误的程序）

```
#include  <stdio. h>
main（    ）
{
    int a，b，c，s；
    scanf（"%d%d%d"，&a，&b，c）；
    s = a + b + c；
    printf（"%d = %d + %d + %d\n"，a，b，c）；/*输出 s = a + b + c*/
    printf（"%d + %d + %d = %d\n"，s）；/*输出 a + b + c = s*/
}
```

正确的程序为：

三、实验平台

Windows 98 或 2000 或 XP 以上版本　　　VC6.0 以上版本

四、程序清单（写出上机内容 2 的源程序）

五、调试和测试结果（调试中出现的典型问题及解决方法，测试结果是否正确或具体值等）

六、教师批语与成绩评定：

评语：

成绩：　□　优　　□　良　　□　中　　□　及格　　□　不及格

评阅教师：　　　　　评阅日期：　　　　　年　　月　　日

《C 语言程序设计》实验（上机）报告

班级·学号＿＿＿＿＿＿　姓名＿＿＿＿＿＿　实验日期＿＿＿＿＿＿　任课教师＿＿＿＿＿＿

实验名称	实验三　选择结构程序设计	验证型

一、实验目的及要求

1. 理解 C 语言表示逻辑量的方法（0 代表"假"，非 0 代表"真"）。
2. 学会正确使用逻辑运算符和逻辑表达式、关系运算符和关系表达式。
3. 学会运用逻辑表达式和关系表达式等表达条件。
4. 熟练掌握 IF 语句和 SWITCH 语句。
5. 掌握简单的单步调试方法。

二、上机内容

1. 先手工计算，然后编写程序验证计算结果：

(1) 求逻辑表达式 5 > 3&&2 || 8 < 4 − ! 5 的值。

(2) a 为 12，b 为 18，c 为 12，计算并输出 a&&b、a || b、! a&&c 的值。

(3) a 为 0，b 为 1，c 为 3，计算并输出执行语句 "y = (++a) && (−−b) && (c = b + 3);" 后 a、b、c、y 的值。如果将语句改为 "y = (++a) || (−−b) || (c = b + 3);"，结果又是多少？

2. 编程：

(1) 输入整数 x 和 a，计算并输出下列分段函数 f (x) 的值（保留 2 位小数），请调用 log 函数求自然对数，调用 fabs 函数求绝对值。

$$f(x) = \begin{cases} \dfrac{1}{2a}\ln\left|\dfrac{a+x}{a-x}\right| & |x| \neq a \\ 0 & |x| = a \end{cases}$$

输入输出示例

第一次运行

Enter a and x：<u>5　6</u>

a = 5，f (6) = 0.24

第二次运行

Enter a and x：<u>5　5</u>

a = 5，f (5) = 0.00

(2) 输入 a、b、c 三个整数，输出最大数。

输入输出示例

第一次运行

Enter a, b, c：<u>1, 5, 9</u>

the max number is：9

第二次运行

Enter a, b, c：<u>9, 5, 1</u>

the max number is：9

第三次运行

Enter a, b, c：<u>1, 9, 5</u>

the max number is：9

3. 改错题

改正下列程序中的错误，输入一个数 n（不一定是整数），判定 n 是小于 0，等于 0，还是大于 0。（源程序附后面）

输入输出示例	源程序（有错误的程序）	正确的程序为：
第一次运行 Enter n：10 10 is greater than 0 第二次运行 Enter n：－5 －5 is less than 0 第三次运行 Enter n：0 0 is equal to 0	```\n#include <stdio.h>\nmain ( )\n{\n double n;\n printf ("Enter n:");\n scanf ("%f", &n);\n if (n<0)\n printf ("n is less than 0 \ n");\n else if (n=0)\n printf ("n is equal to 0 \ n");\n else\n printf ("n is greater 0 \ n");\n}\n``` 单步调试程序，观察变量值的变化。	

三、实验平台

Windows 98 或 2000 或 XP 以上版本　　VC6.0 以上版本

四、设计流程（算法描述）

（请写出上机内容 2（2）题的算法描述）

五、程序清单

（请写出上机内容 2（1）的源程序）

六、调试和测试结果（写出上机内容 1 的结果）

七、教师批语与成绩评定：

评语：

成绩：　☐　优　　☐　良　　☐　中　　☐　及格　　☐　不及格

评阅教师：　　　　　评阅日期：　　　　　年　　　月　　　日

《C语言程序设计》实验（上机）报告

班级·学号_____ 姓名_____ 实验日期_____ 任课教师_____

实验名称	实验四 循环结构程序设计	验证型

一、实验目的及要求
1. 熟练掌握 C 语言的 while 语句、do – while 语句和 for 语句。
2. 掌握在程序设计中使用循环的方法实现各种算法。
3. 理解循环结构程序中语句的执行过程。
4. 掌握运行到光标位置的调试方法。

二、上机内容
1. 编写程序：求 $1+2+3+\cdots+100$ 和 $1^2+2^2+3^2+\cdots+100^2$。
输入输出示例
sum1 = 5050   sum2 = 338350
2. 一个数如果恰好等于它的因子之和，这个数就称为"完数"，编写程序找出 2~5000 中的所有完数。
输入输出示例
6   28   496
3. 改错题
改正下列程序中的错误。（源程序附后面）
韩信点兵。韩信有一队兵，他想知道有多少人，便让士兵排队报数。按从 1 至 5 报数，最末一个士兵报的数为 1；按从 1 至 6 报数，最末一个士兵报的数为 5；按从 1 至 7 报数，最末一个士兵报的数为 4；最后按从 1 至 11 报数，最末一个士兵报的数为 10。你知道韩信有多少士兵吗？

输入输出示例

n = 2111

源程序（有错误的程序）

```
#include  < stdio. h >
main (    )
{
  int find = 0;
  while（! find）
  {
    if（n%5 = = 1&&n%6 = = 5&&n%7 = = 4 &&
    n%11 = = 10）
    { printf（ "n = %d \ n", n）;
      find = 1;
    }
  }
}
```

正确的程序为：

· 299 ·

三、实验平台
　　Windows 98 或 2000 或 XP 以上版本　　　VC6.0 以上版本

四、设计流程（算法描述）
　　（请写出上机内容 2 的算法描述）

五、程序清单
　　（请写出上机内容 1 的源程序）

六、调试和测试结果（调试中出现的典型问题及解决方法，测试结果是否正确或具体值等）

七、教师批语与成绩评定：

　　评语：

　　成绩：　☐　优　　☐　良　　☐　中　　☐　及格　　☐　不及格

　　　　评阅教师：　　　　　评阅日期：　　　　年　　　月　　　日

《C 语言程序设计》实验（上机）报告

班级·学号_____ 姓名_____ 实验日期_____ 任课教师_____

实验名称	实验五　函数和预处理命令	验证型

一、实验目的及要求
1. 掌握函数的定义和调用。
2. 掌握使用函数编写程序。
3. 掌握函数的实参、形参和返回值的概念及使用。
4. 掌握单步调试进入函数和跳出函数的方法。
5. 掌握全局变量、局部变量、动态变量、静态变量的概念和使用方法。

二、上机内容
1. 编写自定义函数 long power（int m, int n），计算 m^n 的值。利用此函数编程序实现：从键盘输入两个整数 m 和 n，计算出 m^n 的值。

2. 写出两个整数，分别求两个整数的最大公约数和最小公倍数，用主函数调用这两个整数，并输出结果，两个整数由键盘输入。

输入输出示例
输入：n1 = 24　n2 = 16
输出：zdgys = 8 zxgbs = 48

3. 改错题
改正下列程序中的错误。根据下式求 π 的值，直到某一项小于 0.6（源程序附后面）

$$\frac{\pi}{2} = 1 + \frac{1!}{3} + \frac{2!}{3 \times 5} + \frac{3!}{3 \times 5 \times 7} + \frac{4!}{3 \times 5 \times 7 \times 9} + \cdots + \frac{n!}{3 \times 5 \times 7 \times \cdots (2n-1)}$$

输入输出示例　　　　PI = 3.14159　　　　（改正后程序运行结果）

源程序（有错误的程序）	int fact（int n）	正确的程序为：
#include < stdio. h > int fact（int n）； int multi（int n）； main（　） {int i； double sum, item, eps； eps · 1E − 6； sum = 1； item = 1； for（i = 1；item > = eps；i ++） 　{ item = fact(i)/multi(2 ∗ i + 1)； 　　sum = sum + item； 　} printf（ "PI = %0.5lf \ n"，sum ∗ 2）； return 0；}	{ int i； 　int res = 1； 　for（i = 0；i < = n；i ++） 　res = res ∗ i； 　returnres； } int multi（int n） { int i； 　intres = 1； 　for（i = 3；i < = n；i = i + 2） 　　res = res ∗ i； 　return res； }	

三、实验平台
　　Windows 98 或 2000 或 XP 以上版本　　　VC6.0 以上版本

四、设计流程（算法描述）
　　（请写出上机内容 1 的算法描述）

五、程序清单
　　（请写出上机内容 2 的源程序）

六、调试和测试结果（调试中出现的典型问题及解决方法，测试结果是否正确或具体值等）

七、教师批语与成绩评定：

　　评语：

　　成绩：　□　优　　　□　良　　　□　中　　　□　及格　　　□　不及格

　　　　　　评阅教师：　　　　　评阅日期：　　　　　年　　　月　　　日

《C 语言程序设计》实验（上机）报告

班级·学号＿＿＿＿＿＿＿　姓名＿＿＿＿＿＿　实验日期＿＿＿＿＿　任课教师＿＿＿＿＿

实验名称	实验六　数组	验证型

一、实验目的及要求
1. 掌握一维数组的定义、赋值和输入输出的方法。
2. 掌握字符数组的使用。
3. 掌握与数组有关的算法（例如排序算法）。
4. 学会使用断点调试方法。

二、上机内容
　　1. 编写程序：从键盘输入一串整数保存到数组中，调用函数 antitone（）将数组反序输出。自定义函数 void antitone（int a [ ]，int n）实现将数组中的 n 个数据按逆序存放。
　　2. 已知某数列的前两项为 2 和 3，其后每一项为其前两项之积。编程实现：从键盘输入一个整数 x，判断并输出 x 最接近数列的第几项。
　　3. 输入一串字符，计算其中字符、数字和空格的个数。
　　输入/输出示例：
　　输入：sd234kj64jk mjk
　　输出：字符：9　　数字：5　　空格：1

三、实验平台
　　Windows 98 或 2000 或 XP 以上版本　　　VC6.0 以上版本

四、设计流程（算法描述）
　　（请写出上机内容 1 的算法描述）

五、程序清单
　　（请写出上机内容 1.2.3 的源程序）

六、调试和测试结果（调试中出现的典型问题及解决方法，测试结果是否正确或具体值等）

七、教师批语与成绩评定：

　　评语：

　　成绩： ☐ 优　 ☐ 良　 ☐ 中　 ☐ 及格　 ☐ 不及格

　　评阅教师：　　　　评阅日期：　　　　年　　月　　日

《C 语言程序设计》实验（上机）报告

班级·学号＿＿＿＿＿＿　　姓名＿＿＿＿＿　　实验日期＿＿＿＿＿　　任课教师＿＿＿＿＿

实验名称	实验七　指针	验证型

一、实验目的及要求
1. 理解指针、地址和数组间的关系。
2. 掌握通过指针操作数组元素的方法。
3. 掌握指针作为函数参数时，实参和形参的结合方式。

二、上机内容
1. 运行程序，查看程序的运行结果。

（1）
```
#include <stdio.h>
void main ( )
{ int a=7, b=8, *p, *q, *r;
  p=&a; q=&b;
    r=p; p=q; q=r;
    printf ("%d,%d,%d,%d\n",
*p, *q, a, b);
}
```

（2）
```
#include <stdio.h>
int f (int *a, int *b)
{ int s;
  s=*a+*b;
  return s;
}
void main ( )
{ int x=2, y=4, s;
  s=f (&x, &y);
  printf ("%d\n", s);}
```

（3）
```
#include <stdio.h>
void swap (int *a, int *b)
{ int t;
  t=*a; *a=*b; *b=t;
}
void main ( )
{ int x=10, y=20;
  printf ("(1) x=%d y=%d\n", x,
y);
  swap (&x, &y);
  printf ("(2) x=%d y=%d\n", x,
y);
}
```

（4）以下程序用指针实现一维数组的数据输入与输出，请填空并运行。
```
#include <stdio.h>
void main ( )
{ int [6], i;
  ___【1】___ ;
for ( i=0; i<6; i++)
scanf ("%d", ___【2】___ );
p=a;
for ( i=0; i<6; i++)
printf ("%3d", ___【3】___ );
printf ("\n");
}
```
思考：将语句"p=a;"删去，程序运行结果会怎样？

2. 完成函数的内容，函数的功能是：将 a、b 中的两个两位正整数合并形成一个新的整数放在 c 中。合并的方式是：将 a 中的十位和个位数依次放在变量 c 的千位和十位上，b 中的十位和个位数依次放在变量 c 的个位和百位上。

例如，当 a=45，b=12。调用函数后，c=4251。

完成编程后运行程序，输入上面所举的数据例子，看看程序是否能得出正确的结果。

```
#include <stdio. h>
void fun (int a, int b, long * c)
{
}
void main (  )
{ int a, b; long c;
    printf ( "Input a, b:") ;
    scanf ( "%d%d", &a, &b);
    fun (a, b, &c);
    printf ( "The result is: %ld \ n", c);
}
```

三、实验平台

Windows 98 或 2000 或 XP 以上版本　　　VC6. 0 以上版本

四、程序清单

（请写出上机内容 2 中的函数）

五、调试和测试结果（请写出上机内容 1 的输出结果）

六、教师批语与成绩评定：

评语：

成绩：　□ 优　　□ 良　　□ 中　　□ 及格　　□ 不及格

《C 语言程序设计》实验（上机）报告

班级·学号＿＿＿＿＿＿＿＿　姓名＿＿＿＿＿＿　实验日期＿＿＿＿＿＿　任课教师＿＿＿＿＿＿

实验名称	实验八　结构体	验证型

一、实验目的及要求

1. 理解结构体类型的概念，掌握结构体类型的定义形式。

2. 掌握结构体类型变量的定义和变量成员的引用形式。

3. 了解内存的动态分配、链表的概念及操作。

二、上机内容

1. 建立一个学生信息结构体数组，包括学号 num，姓名 name［10］，年龄 age，性别 sex。要求通过函数 input 输入 4 个数据记录，并且在 main 函数中输出这 5 个学生的信息。用另一函数 stat 统计输入记录中男生、女生的人数，以及年龄小于 18 岁的学生人数。

输入输出示例：

输入：	01	aa	18	M	输出：	num	name	age	sex
	02	bb	19	F		01	aa	18	M
	03	cc	19	M		02	bb	19	F
	04	dd	17	F		03	cc	19	M
						04	dd	17	F
						boy	girl	age < 18	
						2	2	1	

2. 编程：完成下列程序中的函数。

某学生的记录由学号、8 门课程成绩和平均分组成，学号和 8 门课程的成绩已在主函数中给出。请编写函数 fun，它的功能是：求出该学生的平均分放在记录的 ave 成员中。

例如，学生的成绩是：85.5，76，69.5，85，91，72，64.5，87.5，他的平均分应当是：78.875。

注意：请勿改动主函数 main 和其他函数中的任何内容，仅在函数 fun 部位中填入你编写的若干语句。

```
#include < stdio. h >
#define N 8
struct STREC
{ charnum [10];
  doubles [N];
  doubleave; };
  voidfun ( structSTREC * a)
  {



  }
```

```
main ( )
{ struct STRECs = { "GA005", 85.5, 76, 69.5, 85,
91, 72, 64.5, 87.5};
  int i;
  fun ( &s );
  printf ( "The % s' s student data: \ n", s. num);
  for ( i = 0; i < N; i + + )
  printf ( "% 4.1f \ n", s. s [i]);
  printf ( " \ nave = % 7.3f \ n", s. ave );

}
```

3. 改错题

定义一个结构体数组 stu 并且初始化，main 函数中输出数组元素各成员的值。（源程序附后面）

输入输出示例

No.	Name	sex	age
10101	Li Lin	M 18	
10102	Zhang Fun	M 19	
0104	wang Min	F 20	

源程序（有错误的程序）

```
#include <string. h>
struct student
{ int num;
  char name [20];
  char sex;
  int age;
};
struct student stu [3] = { {10101，"Li Lin"，'M'，18}，{10102，"Zhang Fun"，'M'，19}，{10104，"Wang Min"，'F'，20}};
main ( )
{ struct student * p;
  printf ( "No. Namesexage \ n");
  for ( p = stu; p < 3; p ++)
  printf ( "%5d % -20s %2c %4d \ n", * p. num, * p. name, p. sex, p. age);
}
```

三、实验平台

Windows 98 或 2000 或 XP 以上版本　　　　VC6. 0 以上版本

四、程序清单（请写出上机内容 1 的源程序和上机内容 2 中的函数）

五、教师批语与成绩评定：

评语：

成绩：□ 优　　□ 良　　□ 中　　□ 及格　　□ 不及格

评阅教师：　　　　评阅日期：　　　　年　　月　　日

《C 语言程序设计》实验（上机）报告

班级·学号_____ 姓名_____ 实验日期_____ 任课教师_____

实验名称	实验九　共用体、位运算、文件（选做）	验证型

一、实验目的及要求

1. 理解共用体概念，掌握共用体变量定义格式和引用形式与运算。
2. 掌握位运算的基本规则。
3. 掌握文件和文件指针的概念以及文件的定义方法。
4. 掌握文本文件的顺序读、写方法。

二、上机内容

1. 运行以下程序，并对结果进行分析：

（1）
```c
#include <stdio.h>
void main ( )
{ union exx
  { int a, b;
    struct
    {int c, d; } lpp;
  } e = {10};
  e.b = e.a + 20;
  e.lpp.c = e.a + e.b;
  e.lpp.d = e.a * e.b;
  printf ("%d,%d\n", e.lpp.c,
  e.lpp.d);
}
```

（2）
```c
#include <stdio.h>
void main ( )
{ int c, d, e;
  int a = 6, b = 12;
  c = a&b;
  d = a | b;
  e = a^b;
  printf ("%d & %d = %d\n", a, b, c);
  printf ("%d | %d = %d\n", a, b, d);
  printf ("%d ^ %d = %d\n", a, b, e);
  printf ("%d,%d\n", a>>1, b<<3);
}
```

2. 编写程序：

（1）求 100 以内能同时被 3 和 5 整除的自然数，分别将它们输出到显示器屏幕和 x.txt 文件中。

（2）用程序读出上述 x.txt 文件中的数据，将它们输出到屏幕，并求它们的和。

三、实验平台

Windows 98 或 2000 或 XP 以上版本　　VC6.0 以上版本

四、程序清单

（请写出上机内容 2 中的程序源代码）

五、调试和测试结果（调试中出现的典型问题及解决方法，测试结果是否正确或具体值等）

六、教师批语与成绩评定：

评语：

成绩： ☐ 优 　 ☐ 良 　 ☐ 中 　 ☐ 及格 　 ☐ 不及格

评阅教师： 　　　　 评阅日期： 　　 年 　 月 　 日

实验报告填写说明

1. 实验报告中的班级写行政班级（如道土 1 班），学号写完整学号（如 20137000101），实验日期不要漏写，任课教师写全名。

2. 设计流程（算法描述）的书写用传统流程图、N－S 流程图或伪代码中的任一种方式写出算法。

3. 调试和测试结果应有内容，至少是"调试结果正确"，如果遇到错误，则写出错误信息，及调试解决方法。要求写出测试用的数据和测试结果，应对所有路径都进行测试。

```
{ int s = 0, n;
  for (n = 0; n < 4; n + + )
  { switch (n)
    { default: s + = 4;
      case 1: s + = 1;
      case 2: s + = 2;
      case 3: s + = 3;
    }
  }
  printf ( "% d \ n", s);
}
```

则程序运行后的输出结果是（   ）。

A. 10   B. 18   C. 24   D. 6

45. 若有以下程序

```
#include < stdio. h >
main ( )
{ int a = -2, b = 0;
  while (a + +) + + b;
  printf ( "% d, % d \ n", a, b);
}
```

则程序运行后的输出结果是（   ）。

A. 0, 2   B. 1, 2   C. 1, 3   D. 2, 3

46. 若有以下程序

```
#include < stdio. h >
main ( )
{ int a = 6, b = 0, c = 0;
  for ( ; a;) {b + = a; a - = + + c;}
  printf ( "% d, % d, % d \ n", a, b, c);
}
```

则程序运行后的输出结果是（   ）。

A. 0, 14, 3   B. 1, 14, 3   C. 0, 18, 3   D. 0, 14, 6

47. 以下选项中非法的 C 语言字符常量是（   ）。

A. '\ 007'   B. '\ b'   C. 'aa'   D. '\ xaa'

48. 若有以下程序

```
#include < stdio. h >
main ( )
  { int a = 1, b = 2, c = 3, d = 4;
```

```
if ( (a=2) && (b=1))    c=2;
if ( (c==3) || (d=-1))    a=5;
printf ("%d,%d,%d,%d\n", a, b, c, d);
}
```

则程序运行后的输出结果是（   ）。

A. 5, 1, 2, -1   B. 2, 1, 2, -1

C. 2, 2, 2, 4   D. 1, 2, 3, 4

49. 若有以下程序

```
#include < stdio. h >
main ( )
{ int a=1, b=2, c=3, d=4, r=0;
  if (a! =1); else r=1;
  if (b==2) r+=2;
  if (c! =3); r+=3;
  if (d==4) r+=4;
  printf ("%d\n", r);
}
```

则程序运行后的输出结果是（   ）。

A. 3   B. 7   C. 6   D. 10

50. 若有以下程序

```
#include < stdio. h >
main ( )
{ int s=0, n;
  for (n=0; n<4; n++)
  { switch (n)
    { default: s+=4;
      case 1: s+=1; break;
      case 2: s+=2; break;
      case 3: s+=3;
    }
  }
  printf ("%d\n", s);
}
```

则程序运行后的输出结果是（   ）。

A. 11   B. 10   C. 13   D. 15

51. 若有以下程序

```
#include < stdio. h >
```

```
main ()
{ int a = -2, b =0;
  do { ++b; } while (a + +);
  printf ("%d,%d \ n", a, b);
}
```

则程序运行后的输出结果是 ( )。

A. 2, 3   B. 0, 2   C. 1, 2   D. 1, 3

52. 若有以下程序

```
#include < stdio. h >
main ()
{ int a =6, b =0, c =0;
  for (; a&& (b = =0);)
  { b + =a; a - =c + +;}
  printf ("%d,%d,%d \ n", a, b, c);
}
```

则程序运行后的输出结果是 ( )。

A. 5, 6, 0   B. 6, 0, 0   C. 6, 6, 1   D. 5, 6, 1

53. 以下选项中非法的 C 语言字符常量是 ( )。

A. ′9′   B. ′\ 09′   C. ′\ x09′   D. ′\ x9d′

54. 若有定义语句

char c = ′\ 101′;

则变量 c 在内存中占 ( )。

A. 1 个字节   B. 2 个字节   C. 3 个字节   D. 4 个字节

55. 若有以下程序

```
#include < stdio. h >
main ()
{ char c1, c2;
  c1 = ′C′ + ′8′ - ′3′; c2 = ′9′ - ′0′;
  printf ("%c %d \ n", c1, c2);
}
```

则程序运行后的输出结果是 ( )。

A. H′9′   B. 表达式不合法, 输出无定值

C. F′9′   D. H 9

56. 表示关系式 x≤y≤z 的 C 语言表达式是 ( )。

A. (x < =y < =z)   B. (x < =y) | | (y < =z)

C. (x < =y) && (y < =z)   D. (x < =y)! (y < =z)

57. 有以下程序

```
#include < stdio. h >
main ( )
{ int x = 1, y = 0, a = 0, b = 0;
   switch (x)
   { case 1: switch (y)
           { case 0: a + +; break;
           case 1: b + +; break;
           }
             case 2: a + +; b + +; break;
   }
   printf ( "a = % d, b = % d \ n", a, b);
}
```

程序运行后的输出结果是 （   ）。

A. a = 2, b = 2   B. a = 1, b = 1   C. a = 1, b = 0   D. a = 2, b = 1

58. 有以下程序

```
#include < stdio. h >
main ( )
{ int k, j, s;
   for (k = 2; k < 6; k + +, k + +)
   { s = 1;
      for (j = k; j < 6; j + +) s + = j;
   }
   printf ( "% d \ n", s);
}
```

程序运行后的输出结果是 （   ）。

A. 10   B. 6   C. 24   D. 40

59. 由以下 while 构成的循环，循环体执行的次数是 （   ）。

```
int k = 0;
while (k = 1) k + +;
```

A. 执行一次   B. 一次也不执行

C. 无限次   D. 有语法错，不能执行

60. 若变量已正确定义，以下选项中非法的表达式是 （   ）。

A. 'a' = 1/2 * (x = y = 20, x * 3)   B. a! = 4 | | 'b'

C. 'a'% 4   D. 'A' + 32

第4章　函数及预处理命令

一、选择题

1. 以下叙述正确的是(　　)。

　　A. 构成 C 语言程序的基本单位是函数

　　B. 可以在一个函数中定义另一个函数

　　C. main 函数必须放在其他函数之前

　　D. 所有被调用函数一定要在调用之前进行定义

2. 以下叙述中错误的是(　　)。

　　A. C 语言程序必须由一个或一个以上的函数组成

　　B. 函数调用可以作为一个独立的语句存在

　　C. 若函数有返回值，必须通过 return 语句返回

　　D. 函数形参的值也可以传回给对应的实参

3. 调用一个函数，若此函数中没有 return 语句，则该函数 (　　)。

　　A. 没有返回值

　　B. 返回若干个系统默认值

　　C. 能返回一个用户所希望的函数值

　　D. 返回一个不确定的值

4. C 语言规定，函数返回值的类型是由 (　　)。

　　A. return 语句中的表达式类型所决定的

　　B. 调用该函数时的主调函数类型所决定的

　　C. 调用该函数时系统临时决定的

　　D. 由定义该函数时所指定的函数类型所决定的

5. 以下程序运行后的输出结果是(　　)。

```
#include "stdio. h"
void fun ( )
{ int a, b;
    a = 100; b = 200;
}
  main ( )
  {int a = 5, b = 7;
```

```
        fun ( );
        printf ("%d%d", a, b);
    }
```

  A. 100200   B. 57   C. 200100   D. 75

6. 以下函数调用语句中含有( )个实参。

  fun ((exp1, exp2), (exp3, exp4, exp5));

  A. 1   B. 2   C. 4   D. 5

7. 以下程序运行后的输出结果是( )。

```
    fun (int a, int b, int c)
    { c = a * a + b * b;
    }

    main ( )
    { int x = 22;
        fun (4, 2, x);
        printf ("%d", x);
    }
```

  A. 20   B. 21   C. 22   D. 23

8. 有如下程序

```
    int func (int a, int b).
    { return (a + b);}
    main ( )
    { int x = 2, y = 5, z = 8, r;
        r = func (func (x, y), z);
        printf ("%d\n", r);
    }
```

  该程序运行后的输出结果是( )。

  A. 12   B. 13   C. 14   D. 15

9. 下述程序运行后的输出结果是( )。

```
    #include <stdio.h>
    long fun (int n)
    { long s;
        if (n == 1 || n == 2)
        s = 2;
        else s = n - fun (n - 1);
        return s;
    }
```

```
main (   )
{printf （ "%ld \ n", fun (3) ); }
```
A. 1   B. 2   C. 3   D. 4

10. 以下程序运行后的输出结果是(   )。
```
#include "stdio. h"
void fun c1 （int i）;
void fun c2 （int i）;
char st [ ] = "hello, friend";
void fun c1 （int i）
{ printf ( "%c", st [i]);
  if (i<3)
  {i + =2;
  fun c2 (i);
  }
}
void fun c2 （int i）
{printf ( "%c", st [i]);
  if (i<3)
  {i + =2;
  fun c1 (i);
  }
}
main (   )
{int i;
i =0;
fun c1 (i);
printf ( " \ n");
}
```
A. hello   B. hel   C. hlo   D. hlrn

11. C 语言中形参的默认存储类别是(   )。
    A. 自动（auto）   B. 静态（static）
    C. 寄存器（register）   D. 外部（extern）

12. 关于全局变量的作用域，下列说法正确的是(   )。
    A. 本程序的全部范围
    B. 离定义该变量的位置最接近的函数
    C. 函数内部范围

D. 从定义该变量的位置开始到本文件结束

13. 以下程序运行后的输出结果是(　　)。

```
#include "stdio.h"
int f ( )
{ static int i = 0;
  int s = 1;
  s + = i;
  i + + ;
  return s;
  }
main ( )
  { int i, a = 0;
  for (i = 0; i < 5; i + +)
  a + = f ( );
  printf ( "% d \ n", a);
  }
```

A. 20　　　　　　　　B. 24　　　　　　　　C. 25　　　　　　　　D. 15

14. 以下程序运行后的输出结果是(　　)。

```
#include < stdio.h >
void fun1 ( )
{ int x = 0;
  x + + ;
  printf ( "% d,", x);
}
void fun2 ( )
  { static int x;
  x + + ;
  printf ( "% d,", x);
  }
main ( )
  { int j;
  for (j = 0; j < 3; j + +)
  { fun2 ( );
  fun1 ( );
  }
  }
```

A. 1，1，1，1，1，1   B. 1，1，1，1，2，3

C. 1，1，2，2，3，3   D. 1，1，2，1，3，1

15. 以下程序运行后的输出结果是(　　　)。

```
#include  < stdio. h >
int m = 3;
main (  )
{  int fun (int k);
   int m = 10;
   printf (  "% d \ n", fun (5)  * m);
   }
   int fun  (int k)
   { if (k == 0)
   return m;
   return (fun (k − 1)  * k);
}
```

A. 360   B. 3600   C. 1080   D. 1200

16. 以下程序运行后的输出结果是(　　　)。

```
#include  < stdio. h >
int d = 1;
fun  (int p)
{  static int d = 5;
   d + = p;
   printf (  "% d ", d);
   return (d);
}
main (  )
{ int a = 3; printf (  "% d \ n", fun (a + fun (d))); }
```

A. 6 9 9   B. 6 6 9   C. 6 15 15   D. 6 6 15

17. 以下有关宏替换的叙述不正确的是(　　　)。

A. 宏替换不占用运行时间   B. 宏名无类型

C. 宏替换只是字符替换   D. 宏名必须用大写字母表示

18. 在宏定义"#define PI 3. 14159"中，用宏名 PI 代替一个 (　　　)。

A. 常量   B. 单精度数   C. 双精度数   D. 字符串

19. 以下程序运行后的输出结果是(　　　)。

```
#include  < stdio. h >
#define   M(x,y,z)  x * y + z
```

```
main ( )
{ int a = 1, b = 2, c = 3;
  printf ( "%d \ n", M(a + b, b + c, c + a));
}
```

    A. 19   B. 17   C. 15   D. 12

20. 以下程序运行后的输出结果是(   )。

```
#include < stdio. h >
#define SQR(x)   x * x
main ( )
{ int a = 16, k = 2, m = 1;
  a = (k + a)/SQR(k + m);
  printf ( "%d \ n", a);
}
```

    A. 16   B. 12   C. 9   D. 1

21. 以下程序运行后的输出结果是 (   )。

```
#include < stdio. h >
#define N   2
#define M   N + 1
#define NUM   2 * M + 1
main ( )
{
  printf ( "%d", NUM);
}
```

    A. 5   B. 6   C. 7   D. 8

22. 以下程序运行后的输出结果是(   )。

```
#include < stdio. h >
#define f(x)  x * x
main ( )
{ int a = 6, b = 2, c;
  c = f (a)/f (b);
  printf ( "%d", c);
}
```

    A. 9   B. 6   C. 36   D. 18

23. 若有以下宏定义：

```
#define N   2
#define Y(n)  ( (N + 1) * n)
```

则执行语句：z = 2 * （N + Y（5））；后的结果是（　　）。

　　A. 语句有错误　　　　B. z = 34　　　　　　C. z = 70　　　　　　D. z 无定值

24. 若有宏定义：

#define MOD（x，y）x% y

则执行以下语句后的输出结果是（　　）。

　　int z，a = 15，b = 100；

　　z = MOD（b，a）；

　　printf（"% d"，z + +）；

　　A. 11　　　　　　B. 10　　　　　　C. 6　　　　　　D. 宏定义不合法

25. 以下程序运行后的输出结果是（　　）。

#include ＜ stdio. h ＞

#define MAX（a，b）（a）＞（b）?（a）:（b）

#define PRINT（Y）　printf（"Y = % d \ t"，Y）

main（　）

{ int a = 1，b = 2，c = 3，d = 4，t；

　t = MAX（a + b，c + d）；

　PRINT（t）；

}

　　A. Y = 3　　　　　　　　　　B. 存在语法错误

　　C. Y = 7　　　　　　　　　　D. Y = 0

26. 有如下程序：

#include ＜ stdio. h ＞

#include "stdio. h"

#define MUL（x，y）（x）* y

main（　）

{ int a = 3，b = 4，c；

　c = MUL（a + +，b + +）；

　printf（"% d"，c）；

}

　　上面程序运行后的输出结果是（　　）。

　　A. 12　　　　　　B. 15　　　　　　C. 20　　　　　　D. 16

27. 对下面程序段：

#define A　3

#define B（a）　（（A + 1）* a）

x = 3 *（A + B（7））；

　　正确的判断是（　　）。

A. 程序错误，不允许嵌套宏定义　　　　B. x = 93

C. x = 21　　　　　　　　　　　D. 程序错误，宏定义不许有参数

28. 以下程序运行后的输出结果是(　　)。

```
#include < stdio. h >
#define  PT  5.5
#define S( x )   PT * x * x
main (  )
｛ int a = 1 , b = 2 ;
    printf(" % 4.1f", S( a + b ));
｝
```

A. 12.0　　　　　B. 9.5　　　　　C. 12.5　　　　　D. 33.5

29. 以下正确的描述是(　　)。

A. C 语言的预处理功能是指完成宏替换和包含文件的调用

B. 预处理指令只能位于 C 源程序文件的首部

C. 凡是 C 源程序中行首以 "#" 标识的控制行都是预处理指令

D. C 语言的编译预处理就是对源程序进行初步的语法检查

30. 若有以下调用语句，则不正确的 fun 函数的首部是(　　)。

```
main (  )
｛ …
    int a [50], n;
    …
    fun (n, &a [9]);
    …
｝
```

A. void fun (int m, int x [ ])　　　　B. void fun (int s, int h [41])

C. void fun (int p, int * s)　　　　D. void fun (int n, int a)

二、填空题

1. 以下程序的功能是根据输入的 "y"（"Y"）与 "n"（"N"），在屏幕上分别显示出 "This is YES" 与 "This is NO"。请填空。

```
#include < stdio. h >
void Yes No ( char ch )
｛ switch ( ch )
    ｛case 'y':
    case 'Y': printf ( " \ n This is YES. \ n");
        ___【1】___;
```

```
         case 'n':
         case 'N': printf（" \ n This is NO. \ n"）；
       ｝
     ｝
     main（  ）
     ｛char ch；
      printf（" \ n Enter a char 'y', 'Y', 'n', 'N':"）；
      ch =    【2】    ；
      printf（"ch:%c", ch）；
      Yes No（ch）；
     ｝
     【1】_____
     【2】_____
```

2. 以下 Check 函数的功能是对 value 中的值进行四舍五入计算，若计算后的值与 ponse 值相等，则显示 "WELL，DONE!!"，否则显示计算后的值。已有函数调用语句 Check（ponse，value），请填空。

```
     void Check（int ponse，float value）
     ｛ int val；
       val =    【1】    ；
       printf（"计算后的值:%d", val）；
       if（    【2】    ）
       printf（" \ n WELL DONE!! \ n"）；
       else
       printf（" \ n Sorry the correct answer is %d \ n", val）；
     ｝
     【1】_____
     【2】_____
```

3. 已有函数 pow，现要求取消变量 i 后 pow 函数的功能不变。请填空。

修改前的 pow 函数：

```
     pow（int x，int y）
     ｛ int i，j =1；
       for（i =1；i < = y；++ i）
       j = j * x；
       return（j）；
     ｝
```

修改后的 pow 函数：

```
pow （int x，int y）
{ int j;
  for （  【1】  ;  【2】  ;  【3】  ）
  j = j * x;
  return （j）;
}
```

【1】 _____

【2】 _____

【3】 _____

4. 以下程序的功能是求三个数的最小公倍数。请填空。

```
max （int x，int y，int z）
{ if （x > y&&x > z） return （x）;
  else if （  【1】  ） return （y）;
  else return （z）;
}
main （  ）
{ int x1，x2，x3，i = 1，j，x0;
  printf （"Input 3 number:"）;
  scanf （"%d%d%d"，&x1，&x2，&x3）;
  x0 = max （x1，x2，x3）;
  while （1）
  { j = x0 * i;
    if （  【2】  ） break;
    i = i + 1;
  }
  printf （"This is %d%d%d zuixiaogongbeishu is %d \ n"，x1，x2，x3，j）;
}
```

【1】 _____

【2】 _____

5. 函数 gongyu 的作用是求 num1 和 num2 的最大公约数，并返回该值。请填空。

```
gongyu （int num1，int num2）
{ int temp，a，b;
  if （num1  【1】  num2）
      {temp = num1; num1 = num2; num2 = temp;}
  a = num1;
  b = num2;
```

```
    while （  【2】  ）
        {temp = a % b；a = b；b = temp；}
    return （a）；
}
```

【1】 _____

【2】 _____

6. 以下程序的功能是用递归方法计算学生的年龄，已知第一位学生年龄最小，为 10 岁，其余学生一个比一个大 2 岁，求第 5 位学生的年龄。请填空。

```
age （int n）
{ int c；
  if （n == 1） c = 10；
  else c = ___【1】___；
  return （c）；
}
main （ ）
{ int n = 5；
  printf （"age:% d \ n"， ___【2】___）；
}
```

【1】 _____

【2】 _____

7. C语言提供了三种预处理命令，它们是_____、_____和条件编译。

8. 设有以下宏定义：

#define WIDTH 80

#define LENGTH WIDTH + 40

则执行赋值语句：v = LENGTH * 20；后（v 为 int 型变量），v 的值是_____。

9. 以下程序运行后的输出结果是_____。

```
#define MUN(z) (z) * (z)
main （ ）
{ printf （"% d"，MUN(1 + 2) + 3）；
}
```

10. 设有以下程序，为使之正确运行，请在_____处填入应包含的命令行。

（注：try - me （ ）函数在 e: \ myfile. txt 中有定义。）

___【1】___

main （ ）

```
{ printf （ " \ n"）;
  try – me （   ）;
  printf （ " \ n"）;
}
```
【1】 _____

11. 设有以下程序，为使之正确运行，请在_____中填入应包含的命令行。
    ____【1】____
```
main （   ）
{ int x = 2， y = 3;
  printf （ "% d"， pow （x， y））;
}
```
【1】 _____

12. 以下的程序是选出能被 3 整除且至少有一位数字是 5 的两位数，打印出所有这样的数及其个数。请填空。

```
sub （int k， int n）
{ int a1， a2;
  a2 = ____【1】____;
  a1 = k – ____【2】____;
  if （ （k%3 = = 0&&a2 = = 5） ｜ ｜ （k%3 = = 0&&a1 = = 5））
  {
     printf （ "% d"， k）;
     n + +;
     return n;
  }
  else
  return – 1;
}
main （ ）
{
  int n = 0， i， m;
  for （i = 10; i < = 99; i + +）
  {
     m = sub （i， n）;
     if （m! = – 1）
     n = m;
  }
```

```
        printf（" \ nn = % d", n）;
    }
```
【1】 _____

【2】 _____

13. 下面 add 函数的功能是求两个参数的和，并将和值返回调用函数。函数中错误的是___【1】___，改正后为___【2】___。

```
    void add（float a, float b）
    {
        float c;
        c = a + b;
        return c;
    }
```
【1】 _____

【2】 _____

14. 函数 del 的作用是删除有序数组 a 中的指定元素 x。已有调用语句 del（a, n, x）；其中实参 n 为删除前数组元素的个数，赋值号左边的 n 为删除后数组元素的个数。请填空。

```
    del（int a []，int n, int x）
    { int p, i;
        p = 0;
        while（x > = a [p] &&p < n）
            ___【1】___ ;
        for（i = p - 1; i < n - 1; i ++）
            ___【2】___ ;
        n = n - 1;
        return n;
    }
```
【1】 _____

【2】 _____

15. 以下程序可以计算 10 名学生 1 门课成绩的平均分。请填空。

```
    float average（float array [10]）
    { int i;
        float aver, sum = array [0];
        float（i = 1; ___【1】___ ; i ++）
        sum + = ___【2】___ ;
        aver = sum/10;
```

```
      return（aver）；
    }
  main（）
    {
      float score[10]，aver；
      int i；
      printf（"\n input 10 scores:"）；
      for（i = 0；i < 10；i ++）
      scanf（"% f"，&score[i]）；
      aver = ___【3】___；
      printf（"\n average score is %5.2f\n"，aver）；
    }
```

【1】_____

【2】_____

【3】_____

三、程序分析题

1. 以下程序运行后的输出结果是_____。

```
#include <stdio.h>
fun（int a，int b，int c）
{ c = a * b；
}
main（）
{ int c；
  fun（2，3，c）；
  printf（"% d\n"，c）；
}
```

2. 以下程序运行后的输出结果是_____。

```
#include <stdio.h>
func（int a，int b）
{ int c；
  c = a + b；
  return c；
}
main（）
{ int x = 6，y，r；
```

```
        y = x + 2;
        r = func (x, y);
     printf ("%d\n", r);}
```

3. 有如下程序

```
long fib(int n)
{ if (n > 2) return (fib(n - 1) + fib(n - 2));
  else  return (2);
}
main ()
{printf ("%d\n", fib(3));}
```

该程序运行后的输出结果是_____。

4. 以下程序运行后的输出结果是_____。

```
f (int b [ ], int m, int n)
{ int i, s = 0;
  for (i = m; i < n; i = i + 2) s = s + b [i];
  return s;
}
main ()
{ int x, a [ ] = {1, 2, 3, 4, 5, 6, 7, 8, 9};
  x = f (a, 3, 7);
  printf ("%d\n", x);
}
```

5. 以下程序运行后的输出结果是_____。

```
f ( )
{ int x = 7;
  static int y = 4;
  x + = 1;
  y + = 1;
  printf ("x = %d, y = %d\n", x, y);
}
main ()
{ f ( );
  f ( );
}
```

6. 以下程序运行后的输出结果是_____。

```
#include <stdio.h>
```

```
    int d = 1;
    fun（int p）
    {  int d = 5;
       d + = p + + ;
       printf（"% d", d）;
    }
    main（  ）
    {  int a = 3;
       fun（a）;
       d + = a + + ;
       printf（"% d \ n", d）;
    }
```

7. 以下程序运行后的输出结果是_____。

```
    #include  < stdio. h >
    int d = 1;
    fun（int p）
    {  static int d = 5;
       d + = p;
       printf（"% d", d）;
       return d;
    }
    main（ ）
    {  int a = 3;
       printf（"% d \ n", fun（a + fun（d）））;
    }
```

四、编程题

1. 已有变量定义和函数调用语句：int x = 57；isprime（x）；函数 isprime（ ）用来判断一个整数 a 是否为素数，若是素数，函数返回 1，否则返回 0。请编写 isprime 函数。

$$isprime（int a）\{   \}$$

2. 编写一个判断奇偶数的函数，要求在主函数中输入一个整数，通过被调用函数输出该数是奇数还是偶数的信息。

3. 已有变量定义和函数调用语句：int a = 1，b = − 5，c；c = fun（a，b）；fun 函数的作用是计算两个数之差的绝对值，并将差值返回调用函数，请编写程序。

4. 编写函数 fun，它的功能是输出一个 200 以内能被 3 整除且个位数字为 6 的所有整数，返回这些数的个数。

5. 计算 $|a^3|$，要求编写函数计算 a^3，再编写函数调用上述函数计算绝对值，主函数中输入 a 值，并输出结果。

6. 用递归函数编程计算 1！+3！+5！+…+n！（n 为奇数）。

7. 写一个求两个数的最大公约数和最小公倍数的函数。

8. 写一个将整数转换成字符串的函数，可以采用递归函数也可以不采用递归函数。

9. 编写一个对一维数组求平均值的函数，并在主函数中调用它。（注：用数组名作参数）

10. 编写一个函数，由实参传来一个字符串，将此字符中最长的单词输出。

11. 设计一个宏找出三个数中的最大数。

12. 输入两个整数，求它们相除的余数。用带参的宏来编程实现。

第 5 章　数组与字符串

一、选择题

1. 以下能正确定义一维数组的选项是(　　)。

 A. int num [ ]；

 B. #define N 100

    int num [N]；

 C. int num [0..100]；

 D. int N = 100；

    int num [N]；

2. 若有以下说明：

 int a[12] = {1, 2, 3, 4, 5, 6, 7, 8, 9, 10, 11, 12}；

 char c = 'a', d, g；

 则数值为 4 的表达式是(　　)。

 A. a[g-c]   B. a [4]   C. a ['d' - 'c'] D. a ['d' - c]

3. 执行下面的程序段后，变量 k 的值为(　　)。

 int k = 3, s [2]；

 s[0] = k；k = s [1] *10；

 A. 不定值   B. 33   C. 30   D. 10

4. 有以下程序

 #include "stdio. h"

 main ( )

 { int p[8] = {11, 12, 13, 14, 15, 16, 17, 18}, i = 0, j = 0；

  while (i ++ < 7) if (p [i]%2) j + = p [i]；

  printf ("%d \ n", j)；

 }

 程序运行后的输出结果是(　　)。

 A. 42   B. 45   C. 56   D. 60

5. 以下程序运行后的输出结果是(　　)。

 main ( )

 {int i, k, a [10], p [3]；

  k = 5；

  for (i = 0; i < 10; i ++) a [i] = i；

```
for (i = 0; i < 3; i++) p [i] = a [i * (i + 1)];
for (i = 0; i < 3; i++) k + = p [i] * 2;
printf ("%d \ n", k);
}
```

A. 20　　　　　B. 21　　　　　C. 22　　　　　D. 23

6. 以下程序段给数组所有的元素输入数据，请选择正确答案填入(　　)。

```
main ( )
{ int a [10], i = 0;
  while (i < 10)
  scanf ("%d", _____);
}
```

A. a + i　　　　B. &a [i + 1]　　　C. a + i　　　　D. &a [i++]

7. 阅读下面的程序

```
main ( )
{ int n [2], i, j, k;
  for (i = 0; i < 2; i++)
  n [i] = 0;
  k = 2;
  for (i = 0; i < k; i++)
  for (j = 0; j < k; j++)
  n [j] = n [i] + 1;
  printf ("%d \ n", n [k]);
}
```

上面程序运行后的输出结果是(　　)。

A. 不确定的值　　B. 3　　　　　C. 2　　　　　D. 1

8. 下述程序运行后的输出结果是(　　)。

```
main ( )
{ int y = 18, i = 0, j, a [8];
  do
  { a [i] = y%2
    i++;
    y = y/2;
  }
  while (y > = 1);
  for (j = i - 1; j > = 0; j--)
  printf ("%d", a [j]);
```

```
printf（"\n"）；
}
```

 A. 10000   B. 10010   C. 00110   D. 10100

9. 有如下程序，该程序运行后的输出结果是(   )。

```
main（）
{ int n [5] = {0, 0, 0}, i, k = 2;
    for (i = 0; i < k; i ++) n [i] = n [i] + 1;
    printf（"%d\n", n [k]）；
}
```

 A. 不确定的值   B. 2   C. 1   D. 0

10. 以下能正确定义二维数组的是(   )。

 A. int a[ ][3];   B. int a[ ][3] = {2*3};
 C. int a[ ][3] = { };   D. int a[2][3] = {{1}, {2}, {3}};

11. 以下不能正确定义二维数组的是(   )。

 A. int a[2][2] = {{1}, {2}};   B. int a[ ][2] = {1, 2, 3, 4 };
 C. int a[2][2] = {{1}, 2, 3 };   D. int a[2][ ] = {{1, 2}, {3, 4}};

12. 以下能正确定义数组并正确赋初值的语句是(   )。

 A. int N = 5, b [N] [N];
 B. int a [1] [2] = {{1}, {3}};
 C. int c [2] [ ] = {{1, 2}, {3, 4}};
 D. int d [3] [2] = {{1, 2}, {3, 4}};

13. 下述程序运行后的输出结果是(   )。

```
main（）
{ int a [4] [4] = { {1, 3, 5}, {2, 4, 6}, {3, 5, 7}};
    printf（"%d%d%d%d\n", a [0] [3], a [1] [2], a [2] [1], a [3]
    [0]）；
}
```

 A. 0 6 5 0   B. 1 4 7 0   C. 5 4 3 0   D. 输出值不定

14. 定义如下变量和数组：

 int i;
 int x [3] [3] = {1, 2, 3, 4, 5, 6, 7, 8, 9};
 则下面语句的输出结果是(   )。
 for (i = 0; i < 3; i ++)
 printf（"%d", x [i] [2 - i]）；
 A. 1 5 9   B. 1 4 7   C. 3 5 7   D. 3 6 9

15. 有如下程序，该程序运行后的输出结果是(　　)。

```
main ( )
{ int a [3] [3] = { {1, 2}, {3, 4}, {5, 6}}, i, j, s = 0;
  for (i = 1; i < 3; i + +)
  for (j = 0; j < = i; j + +) s + = a [i] [j];
  printf ("%d \ n", s);
}
```

A. 18　　　　　　B. 19　　　　　　C. 20　　　　　　D. 21

16. 以下程序运行后的输出结果是(　　)。

```
main ( )
{ int i, x [3] [3] = {1, 2, 3, 4, 5, 6, 7, 8, 9};
  for (i = 0; i < 3; i + +)
  printf ("%d,", x [i] [2 - i]);
}
```

A. 1, 5, 9　　　　B. 1, 4, 7　　　　C. 3, 5, 7　　　　D. 3, 6, 9

17. 以下程序运行后的输出结果是(　　)。

```
main ( )
{ int b [3] [3] = {0, 1, 2, 0, 1, 2, 0, 1, 2}, i, j, t = 1;
  for (i = 0; i < 3; i + +)
  for (j = i; j < = i; j + +)
  t = t + b [i] [b [j] [j]];
  printf ("%d \ n", t);
}
```

A. 3　　　　　　B. 4　　　　　　C. 1　　　　　　D. 9

18. 以下合法的数组定义是(　　)。

A. int a [ ] = "string";　　　　　　B. int a [5] = {0, 1, 2, 3, 4, 5};

C. char a = "string";　　　　　　D. char a [ ] = {'0', '1', '2', '3', '4', '5'};

19. 给出以下定义:

char x [ ] = "abcdefg";

char y [ ] = {'a', 'b', 'c', 'd', 'e', 'f', 'g'};

则正确的叙述为(　　)。

A. 数组 x 和数组 y 等价　　　　　　B. 数组 x 和数组 y 长度相等

C. 数组 x 的长度大于数组 y 的长度　　D. 数组 x 的长度小于数组 y 的长度

20. 不能把字符 Hello! 赋给数组 b 的语句是(　　)。

A. char b [10] = {'H', 'e', 'l', 'l', 'o', '!'};

B. char b [10]; b = "Hello!";

C. char b ［10］; strcpy （b, "Hello!"）;

D. char b ［10］ = "Hello!";

21. 下列描述中不正确的是(   )。

A. 字符型数组中可以存放字符串

B. 可以对字符型数组进行整体输入、输出

C. 可以对整型数组进行整体输入、输出

D. 不能在赋值语句中通过赋值运算符 "=" 对字符型数组进行整体赋值

22. 有以下程序:

```
#include < stdio. h >
#define N    6
main （  ）
｛ char c ［N］;
  int i = 0;
  for （ ; i < N; c ［i］ = getchar （）, i ++）;
  for (i = 0; i < N; putchar （c ［i］）, i ++）;
｝
```

输入以下 3 行。每行输入都是从第 1 列开始，< CR > 代表 1 个回车符:

a < CR >

b < CR >

cdef < CR >

则程序运行后的输出结果是 （   ）。

A. abcdef	B. a	C. a	D. a
	b	b	b
	c	cd	cdef
	d		
	e		
	f		

23. 以下程序运行后的输出结果是(   )。

```
#include "stdio. h"
#include "string. h"
main （  ）
｛ int k;
  char w ［ ］ ［10］ = ｛ "ABCD", "EFGH", "IJKL", "MNOP"｝;
  for （k = 1; k < 3; k ++）
  printf （ "%s \ n", &w ［k］ ［k］);
｝
```

A. ABCD	B. ABCD	C. EFG	D. FGH
FGH	EFG	JK	KL
KL	IJ	O	
	M		

24. 设有：

　　static char str［　］＝"Beijing"；

　　则执行：

　　printf（"%d\n"，strlen（strcpy（str，"China"）））；

　　后的输出结果为（　　　）。

　　A. 5　　　　　　　B. 7　　　　　　　C. 12　　　　　　D. 14

25. 当运行下面程序输入 ABC 时，输出的结果是（　　　）。

　　#include "stdio. h"

　　#include "string. h"

　　main（　）

　　{ char ss［10］＝"12345"；

　　　strcat（ss，"6789"）；

　　　gets（ss）；

　　　printf（"%s\n"，ss）；

　　}

　　A. ABC　　　　　B. ABC9　　　　　C. 123456ABC　　　D. ABC456789

26. 请选出以下语句的输出结果（　　　）。

　　printf（"%d\n"，strlen（"\t\""\065\xff\n"））；

　　A. 5　　　　　　　　　　　　　　　B. 14

　　C. 8　　　　　　　　　　　　　　　D. 输出项不合法，无正常输出

27. 下述程序运行后的输出结果是（　　　）。

　　main（　）

　　{ char s［　］＝"－12345"；

　　　int k＝0，sign，m；

　　　if（s［k］＝＝'＋' | | s［k］＝＝'－'）

　　　sign＝s［k++］＝＝'＋'? 1：－1；

　　　for（m＝0；s［k］>＝'0'&& s［k］<＝'9'；k++）

　　　m＝m*10＋s［k］－'0'；

　　　printf（"resault＝%d"，sign*m）；

　　}

　　A. resault＝－12345　　　　　　B. resault＝12345

　　C. resault＝－10000　　　　　　D. resault＝10000

28. 定义如下数组 s：char s ［40］；

若准备将字符串 "This□is□a□string." 记录下来，(　　)是错误的输入语句。

A. gets（s + 2）；　　　　　　　　B. scanf（"%20s"，s）；

C. for（i = 0；i < 17；i + +)　　　D. while（（c = getchar（）! = '\n'）

　　s［i］= getchar（）；　　　　　　　　s［i + +］= c；

29. 当运行下面的程序时，如果输入 ABC，则输出结果是(　　)。

```
#include "stdio. h"
#include "string. h"
main（）
{ char ss ［10］= "1, 2, 3, 4, 5";
  gets（ss）; strcat（ss, "6789"）; printf（"%s\n", ss）;
}
```

A. ABC6789　　　　B. ABC67　　　　C. 12345ABC6　　　D. ABC456789

30. 有以下程序：

```
#include "stdio. h"
void change（int k ［]）{k ［0］= k ［5］;}
main（）
{ int x ［10］= {1, 2, 3, 4, 5, 6, 7, 8, 9, 10}, n = 0;
  while（n < =4) {change（&x ［n］）; n + +;}
  for（n = 0; n < 5; n + +）printf（"%d", x ［n］);
  printf（"\n");
}
```

程序运行后的输出结果是(　　)。

A. 6 7 8 9 10　　　B. 1 3 5 7 9　　　C. 1 2 3 4 5　　　D. 6 2 3 4 5

31. 有以下程序：

```
#include "stdio. h"
int fun（int x ［], int n）
{ static int sum = 0, i;
  for（i = 0; i < n; i + +）sum + = x ［i］;
  return sum;
}
main（）
{ int a ［］= {1, 2, 3, 4, 5}, b ［］= {6, 7, 8, 9}, s = 0;
  s = fun（a, 5）+ fun（b, 4）;
  printf（"%d\n", s）;
}
```

程序运行后输出的结果是(　　)。

A. 45　　　　　　B. 50　　　　　　C. 60　　　　　　D. 55

32. 有以下程序

```
#include "stdio. h"
void sort (int a [], int n)
{ int i, j, t;
  for (i = 0; i < n - 1; i + +)
  for (j = i + 1; j < n; j + +)
  if (a [i] < a [j]) {t = a [i]; a [i] = a [j]; a [j] = t;}
}
main ( )
{ int aa [10] = {1, 2, 3, 4, 5, 6, 7, 8, 9, 10}, i;
  sort (aa + 2, 5);
  for (i = 0; i < 10; i + +)
  printf ("%d,", aa [i]);
  printf ("\ n");
}
```

程序运行后输出的结果是(　　)。

A. 1, 2, 3, 4, 5, 6, 7, 8, 9, 10

B. 1, 2, 7, 6, 3, 4, 5, 8, 9, 10

C. 1, 2, 7, 6, 5, 4, 3, 8, 9, 10

D. 1, 2, 9, 8, 7, 6, 5, 4, 3, 10

33. 有以下程序

```
#include "stdio. h"
void sum (int a [])
{a [0] = a [-1] + a [1];
}
main ( )
{ int a [10] = {1, 2, 3, 4, 5, 6, 7, 8, 9, 10};
  sum (&a [2]);
  printf ("%d\ n", a [2]);
}
```

程序运行后输出的结果是(　　)。

A. 6　　　　　　B. 7　　　　　　C. 5　　　　　　D. 8

34. 有以下程序

```
#include "stdio. h"
```

```
#define N   20
fun（int a［］, int n, int m）
｛int i;
   for（i=m; i>=n; i--）
   a［i+1］=a［i］;
｝
main（  ）
｛int i, a［N］=｛1, 2, 3, 4, 5, 6, 7, 8, 9, 10｝;
   fun（a, 2, 9）;
   for（i=0; i<5; i++）
   printf（"%d", a［i］）;
｝
```

程序运行后输出的结果是(   )。

A. 10234   B. 12344   C. 12334   D. 12234

35. 有以下程序

```
#include "stdio. h"
intf（int b［］［4］）
｛int i, j, s=0;
   for（j=0; j<4; j++）
   ｛i=j;
      if（i>2）i=3-j;
      s+=b［i］［j］;
   ｝
   return s;
｝
main（  ）
｛int a[4][4]=｛｛1, 2, 3, 4｝, ｛0, 2, 4, 5｝, ｛3, 6, 9, 12｝, ｛3, 2, 1,
   0｝｝;
   printf（"%d\n", f（a））;
｝
```

程序运行后输出的结果是(   )。

A. 12   B. 11   C. 18   D. 16

二、填空题

1. 下面程序以每行 4 个数据的形式输出 a 数组，请填空。
   #define N 20

```
main (    )
{ int a[N], i;
  for (i = 0; i < N; i ++)
  scanf ("%d", __【1】__);
  for (i = 0; i < N; i ++)
  { if (__【2】__)
    __【3】__;
    printf ("%3d", a[i]);
  }
  printf ("\n");
}
```

【1】 _____

【2】 _____

【3】 _____

2. 以下程序可求出所有的水仙花数。请填空。

```
main (    )
{ int x, y, z, a[8], m, i = 0;
  printf ("The special number are：\n");
  for (__【1】__; m ++)
  { x = m/100;
    y = __【2】__;
    z = m%10;
    if (x * 100 + y * 10 + z = = x * x * x + y * y * y + z * z * z)
    { __【3】__;
      i ++;
    }
  }
  for (x = 0; x < i; x ++)
  printf ("%6d", a[x]);
}
```

【1】 _____

【2】 _____

【3】 _____

3. 设数组 a 包括 10 个整型元素。下面程序的功能是求出 a 中各相邻两个元素的和，并将这些和存在数组 b 中，按每行 3 个元素的形式输出。请填空。

```
main (    )
```

```
{ int a [10], b [10], i;
  for (i = 0; i < 10; i ++)
  scanf ("%d", &a [i]);
  for (  【1】  ; i < 10; i ++)
   【2】  ;
  for (i = 1; i < 10; i ++)
  { printf ("%3d", b [i]);
    if (  【3】  = = 0) printf ("\n");
  }
}
```

【1】＿＿＿＿＿＿＿＿＿＿＿＿＿＿＿＿＿＿＿＿＿＿＿＿＿＿＿＿＿＿

【2】＿＿＿＿＿＿＿＿＿＿＿＿＿＿＿＿＿＿＿＿＿＿＿＿＿＿＿＿＿＿

【3】＿＿＿＿＿＿＿＿＿＿＿＿＿＿＿＿＿＿＿＿＿＿＿＿＿＿＿＿＿＿

4. 下面程序的功能是统计年龄在 16～31 岁之间的学生人数。请填空。

```
main ()
{ int a [30], n, age, i;
  for (i = 0; i < 30; i ++)
  a [i] = 0;
  printf ("Enter the number of the students (< 30) \n");
  scanf ("%d", &n);
  printf ("Enter the age of each student：\n");
  for (i = 0; i < n; i ++)
  { scanf ("%d", &age);
     【1】  ;
  }
  printf ("the resault is \n");
  for (  【2】  ; i ++)
  printf ("%3d %6d \n", i, a [i - 16]);
}
```

【1】＿＿＿＿＿＿＿＿＿＿＿＿＿＿＿＿＿＿＿＿＿＿＿＿＿＿＿＿＿＿

【2】＿＿＿＿＿＿＿＿＿＿＿＿＿＿＿＿＿＿＿＿＿＿＿＿＿＿＿＿＿＿

5. 设数组 a 中的元素均为正整数，以下程序是求 a 中偶数的个数和偶数的平均值。请填空。

```
main ()
{ int a [10] = {1, 2, 3, 4, 5, 6, 7, 8, 9, 10};
  int k, s, j;
```

```
    float ave；
    for （k = s = j = 0； j < 10； j ++ ）
    {if （a［j］% 2！ =0）  【1】  ；
    s + =  【2】  ；
    k ++ ；
    }
    if （k！ =0）
    { ave = s／k；
    printf （ "%d,%f \ n", k, ave）；
    }
    }
```

【1】_____

【2】_____

6. 以下程序的功能是：从键盘输入若干学生的成绩，统计出平均成绩，并输出低于平均分的学生成绩，用输入负数结束输入。请填空。

```
    main （ ）
    {
        float x ［1000］, sum = 0. 0, ave, a；
        int n = 0, i；
        printf （ "Enter mark： \ n"）；
        scanf （ "%f", &a）；
        while （a > = 0. 0 && n < 1000）
        {
            sum + =  【1】  ； x ［n］ =  【2】  ；
            n ++ ； scanf （ "%f", &a）；
        }
        ave =  【3】  ；
        printf （ "Output： \ n"）；
        for （i = 0； i < n； i ++ ）
        if （x ［i］ <  【4】  ） printf （ "%f \ n", x ［i］）；
    }
```

【1】_____   【2】_____

【3】_____   【4】_____

7. 在 C 语言中，二维数组元素在内存中的存放顺序是_____。

8. 若二维数组 a 有 m 列，则计算任一元素 a［i］［j］在数组中的位置的公式为：_____。

9. 若有定义：int a[3][4] = { {1, 2}, {0}, {4, 6, 8, 10}}；则初始化后，a[1][2] 得到的初始值是_____，a[2][1] 得到的初始值是_____。

10. 下面程序可求出矩阵 a 的两条对角线上的元素之和。请填空。

```
main ( )
{ int a[3][3] = {1, 3, 6, 7, 9, 11, 14, 15, 17}
  int sum1 = 0;
  int sum2 = 0, i, j;
  for (i = 0; i < 3; i ++)
  for (j = 0; j < 3; j ++)
  if (i == j) sum1 = sum1 + a [i] [j];
  for (i = 0; i < 3; i ++)
  for ( 【1】 ; 【2】 ; j -- )
  if ( (i + j) == 2) sum2 = sum2 + a [i] [j];
  printf ( "sum1 = % d, sum2 = % d \ n", sum1, sum2);
}
```

【1】 _____

【2】 _____

11. 下面程序的功能是检查一个二维数组是否对称（即：a[i][j] == a[j][i]）。请填空。

```
main ( )
{ int a [4] [4] = {1, 2, 3, 4, 2, 2, 5, 6, 3, 5, 3, 7, 4, 6, 7, 4};
  int i, j, found = 0;
  for (j = 0; j < 4; j ++)
  for ( 【1】 ; i < 4; i ++)
  if (a [j] [i]! = a [i] [j])
  { 【2】 ;
    break;
  }
  if (found) printf ( "NO");
  else printf ( "YES");
}
```

【1】 _____

【2】 _____

12. 以下程序是求矩阵 a，b 的和，结果存入矩阵 c 中并按矩阵形式输出。请填空。

```
main ( )
{ int a [3] [4] = { {3, -2, 7, 5,}, {1, 0, 4, -3}, {6, 8, 0, 2}};
```

```
int b [3] [4] = { {-2, 0, 1, 4}, {5, -1, 7, 6}, {6, 8, 0, 2}};
int i, j, c [3] [4];
for (i = 0; i < 3; i ++)
for (j = 0; j < 4; j ++)
c [i] [j] = 【1】 ;
for (i = 0; i < 3; i ++)
{for (j = 0; j < 4; j ++)
printf ("%3d", c[i][j]);
【2】 ;
}
}
```

【1】 _____

【2】 _____

13. 字符串 "ab \ n \ 012 \ \ " 的长度是_____。

14. 下面程序段将输出 computer。请填空。

```
char c [] = "It's a computer";
for (i = 0; 【1】 ; i ++)
{ 【2】 ;
printf ("%c", c [j]);
}
```

【1】 _____

【2】 _____

15. 下面程序段的功能是在三个字符串中找出最小的。请填空。

```
#include "stdio. h"
#include "string. h"
main ()
{ char s [20], str [3] [20];
int j;
for (j = 0; j < 3; j ++)
gets (str [j]);
strcpy (s, 【1】 );
if (strcpy (str [2], s) < 0)
strcpy (s, str [2]);
printf ("%s \ n", 【2】 );
}
```

【1】 _____

【2】_____

16. 下面程序段运行后的输出结果是_____。

```
char x [ ]  = "the teacher";
    i =0;
while ( x [ ++i]! = '\0')
    if ( x [i-1] = = 't') printf ( "%c", x [i]);
```

17. 下面 invert 函数的功能是将一个字符串 str 的内容颠倒过来。请填空。

```
# include  <string>
void invert（char str [ ]）
{ int i, j, __【1】__;
    for ( i =0, j = strlen（str）__【2】__; i <j; i ++, j -- )
    {k = str [ i ] ; str [ i ] = str [ j]; str [ j ] =k;}
}
```

【1】_____   【2】_____

18. 若已定义：int a [10], i; 以下 fun 函数的功能是：在第一个循环中给前 10 个数组元素依次赋 1, 2, 3, 4, 5, 6, 7, 8, 9, 10; 在第二个循环中使 a 数组前 10 个元素中的值对称折叠，变成 1, 2, 3, 4, 5, 5, 4, 3, 2, 1。请填空。

```
fun （int a [ ]）
{
    int i;
    for ( i =1; i < =10; i ++ )        __【1】__ =i;
    for ( i =0; i <5; i ++ )           __【2】__ = a [i];
}
```

【1】_____   【2】_____

三、程序分析题

1. 当从键盘输入 18 并回车后，下面程序运行后的输出结果是_____。

```
main （ ）
{ int x, y, i, a [8], j, u;
    scanf ( "%d", &x);
    y = x; i =0;
    do
    { u = y/2;
        a [i] = y%2;
        i ++; y = u;
    } while ( y > =1);
```

```
    for (j = i - 1; j > = 0; j -- )
       printf ("% d", a [j]);
}
```

2. 下列程序运行后的输出结果是_____。

```
main ( )
{
    int n [5] = {0, 0, 0}, i, k = 2;
    for (i = 0; i < k; i ++)
    {
        printf ("% d \ n", n [k]);
    }
}
```

3. 以下程序运行后的输出结果是_____。

```
main ( )
{
    int i, a [10];
    for (i = 9; i > = 0; i -- ) a [i] = 10 - i;
    printf ("% d % d % d", a [2], a [5], a [8]);
}
```

4. 下面程序运行后的输出结果是_____。

```
#include < stdio. h >
#include  < string. h >
main ( )
{ char a [7] = "abcdef";
  char b [5] = "ABCD";
  strcpy (a, b);
  printf ("% c", a [5]);
}
```

5. 下面程序运行后的输出结果是_____。

```
#include < stdio. h >
main ( )
{ char s [] = "ABCCDA";
  int k; char c;
  for (k = 1; (c = s [k])! = '\0'; k ++)
  { switch (c)
    { case 'A': putchar ('%'); continue;
```

```
        case 'B'：  ++k；break；
        default：putchar（'*'）；
        case 'C'：putchar（'&'）；continue；
      }
    putchar（'#'）；
  }
}
```

6. 下面程序运行后的输出结果是_____。

```
#include < stdio. h >
main（  ）
{ int i = 5；
  char c [6] = "abcd"；
  do { c [i] = c [i-1]；}
  while（--i > 0）；
  puts（c）；
}
```

7. 下面程序运行后的输出结果是_____。

```
f（int a []）
{ int i = 0；
  while（a [i] < = 10）
  printf（"%d"，a [i++]）；
}
main（  ）
{ int a [] = {1，5，10，9，11，7}；
  f（a + 1）；
}
```

8. 下面程序运行后的输出结果是_____。

```
main（  ）
{ char a [2][6] = { "Sun"，"Moon"}；
  int i，j，len [2]；
  for（i = 0；i < 2；i++）
  { for（j = 0；j < 6；j++）
    if（a [i][j] = = '\0'）
    { len [i] = j；break；}
    printf（"%6s = %d"，a [i]，len [i]）；
  }
```

```
          }
    9. 下列程序运行后的输出结果是_____。
       main ( )
       {
           char arr [2] [4];
           strcpy (arr, "you"); strcpy (arr [1], "me");
           arr [0] [3] = '&';
           printf ("%s \ n", arr);
       }
    10. 下列程序运行后的输出结果是_____。
       main ( )
       {
           int a [3] [3] = { {1, 2}, {3, 4}, {5, 6} }, i, j, s = 0;
           for (i = 1; i < 3; i ++)
           for (j = 0; j < = i; j ++) s + = a [i] [j];
           printf ("%d", s);
       }
```

四、编程题

1. 从键盘输入若干整数（数据个数应少于 50），其值在 0 到 4 之间，用 –1 作为输入的结束标志。统计每个整数的个数。

2. 通过循环按行顺序给一个 5×5 的二维数组 a 赋予 1 到 25 的自然数，然后输出该数组的左下半三角形。

3. 写一个程序，输入一行字符，将此字符串中最长的单词输出。

4. 写一个函数，使输入的一个字符串按反序存放，在主函数中输入和输出字符串。

5. 用递归法将一个整数 n 转换成字符串，例如输入 483，应输出字符串 "483"。n 的位数不确定，可以是任意位数的整数。

6. 编写一个函数 int sum (int a[], int n)，该函数的功能是将数组 a[] 中的下标为偶数位上的元素值求和（如 a[0] + a[2] + a[4] + ……），其中 n 为数组中元素的个数。

7. 从键盘上输入 10 个整数并输出这 10 个数中的最大数、最小数。

8. 输出一个 3 行 4 列的矩阵中最大元素的值及其行下标和列下标。

9. 从键盘上输入一个字符串并判断该字符串是否关于中心对称。

10. 打印出 Fibonacci 数列的前 20 项。

11. 求出 M 行 N 列的二维数组的每列中最大元素，并将其依次放入一个一维数组中，然后输出这些最大元素。

12. 输入 10 个学生的成绩, 求其中高于平均分的人数。

13. 编写一个函数 intfun (int x, int pp [ ]), 它的功能是求出能整除 x 且不是奇数的整数, 并按从小到大的顺序放在 pp 所指的数组中, 这些除数的个数通过函数返回。例如, 若 x 中的值为 24, 则有 6 个数符合要求, 它们是 2, 4, 6, 8, 12, 24。

14. 对长度为 7 个字符的字符串, 除首、尾字符外, 将其余 5 个字符按 ASCII 码值升序排列。编写完程序, 运行程序后输入字符串为 Bdsihad, 则排序后输出应为 Badhisd。

15. 程序定义了 N×N 的二维数组, 并在主函数中自动赋值。请编写函数 fun (int a [ ] [N], int n), 该函数的功能是使数组左下半三角元素中的值加上 n。

例如: 若 n 的值为 3, a 数组中的值为

```
      2  5  4
a = 1  6  9
      5  3  7
```

则返回主程序后 a 数组中的值应为

```
5  5  4
4  9  9
8  6  10
```

16. 请编写一个函数 void fun (int m, int k, int xx [ ]), 该函数的功能是: 将大于整数 m 且紧靠 m 的 k 个非素数存入所指的数组中。

例如, 若输入 15, 5, 则应输出 16, 18, 20, 21, 22。

17. 下列程序定义了 N×N 的二维数组, 并在主函数中赋值。请编写函数 fun ( ), 其功能是求出数组周边元素的平方和并作为函数值返回给主函数中的 s。例如: 若 a 数组中的值为

```
0   1   2   7   9
1  11  21   5   5
2  21   6  11   1
9   7   9  10   2
5   4   1   4   1
```

则返回主程序后 s 的值应为 310。

注意: 部分源程序给出如下。

请勿改动主函数 main 和其他函数中的任何内容, 仅在函数 fun 的花括号中填入所编写的若干语句。

试题程序:

```
#include < stdio. h >
#include < conio. h >
#include < stdlib. h >
#define N 5
```

```
int fun (int w[ ][ N])
{


}
void main (   )
{
    int a[ N][ N]
    = {0, 1, 2, 7, 9, 1, 11, 21, 5, 5, 2, 21, 6, 11, 1, 9, 7, 9, 10, 2,
    5, 4, 1, 4, 1};
    int i, j;
    int s;
    system (“CLS”);
    printf (“ * * * * *The array * * * * * \ n ”);
    for (i = 0; i < N; i ++ )
    {  for (j = 0; j < N; j ++ )
    {printf (“%4d ”, a [i] [j]);}
      printf (“ \ n ”);
    }
    s = fun (a);
    printf (“ * * * * *THE RESULT * * * * * \ n ”);
    printf (“The sum is : %d \ n ”, s);
}
```

第 6 章　指　针

一、选择题

1. 以下定义语句中正确的是(　　)。

　　A. char a = 'A' b = 'B';　　　　　　　　B. float a = b = 10.0;

　　C. int a = 10, * b = &a;　　　　　　　　D. float * a, b = &a;

2. 若有定义：int x = 0, * p = &x; 则语句 printf（"% d \ n", * p）; 的输出结果是(　　)。

　　A. 随机值　　　　B. 0　　　　　　C. x 的地址　　　　D. p 的地址

3. 设有定义：int n1 = 0, n2, * p = &n2, * q = &n1;，以下赋值语句中与 n2 = n1; 语句等价的是(　　)。

　　A. * p = * q;　　B. p = q;　　C. * p = &n1;　　D. p = * q;

4. 已有定义：int k = 2; int * ptr1, * ptr2; 且 ptr1 和 ptr2 均已指向变量 k, 下面不能正确执行的赋值语句是(　　)。

　　A. k = * ptr1 + * ptr2;　　　　　　　　B. ptr2 = k;

　　C. ptr1 = ptr2;　　　　　　　　　　　D. k = * ptr1 * (* ptr2);

5. 若有语句 int * point, a = 4; 和 point = &a; 下面均代表地址的一组选项是(　　)。

　　A. a, point, * &a　　　　　　　　　　B. & * a, &a, * point

　　C. * &point, * point, &a　　　　　　　D. &a, & * point, point

6. 若需建立如图所示的存储结构, 且已有说明 float * p, m = 3.14; 则正确的赋值语句是(　　)。

p　　　　　　　　　　m

　　A. p = m;　　　　B. p = &m;　　　　C. * p = m;　　　　D. * p = &m

7. 若有说明：int * p, m = 5, n; 以下正确的程序段是(　　)。

　　A. p = &n;　　　　　　　　　　　　B. p = &n;

　　　scanf（"% d, &p"）;　　　　　　　　scanf（"% d", * p）;

　　C. scanf（"% d", &n）;　　　　　　　D. p = &n;

　　　* p = n;　　　　　　　　　　　　　* p = m;

8. 若有说明：int * p1, * p2, m = 5, n; 以下均是正确赋值语句的选项是(　　)。

　　A. p1 = &m; p2 = &p1;　　　　　　　B. p1 = &m; p2 = &n; * p1 = * p2

C. p1 = &m；p2 = p1；　　　　　　　D. p1 = &m；＊p2 = ＊p1；

9. 有如下程序段：

int ＊p，a = 10，b = 1；

p = &a；a = ＊p + b；

执行该程序段后，a 的值为（　　　）。

A. 12　　　　　　B. 11　　　　　　C. 10　　　　　　D. 编译出错

10. 设 char ＊s = "\ ta \ 017bc"；则指针变量 s 指向的字符串所占的字节数是(　　　)。

A. 9　　　　　　B. 5　　　　　　C. 6　　　　　　D. 7

11. 下面程序段中，for 循环的执行次数是(　　　)。

char ＊s = "\ ta \ 017bc"；

for（；＊s! = '\ 0'；s ++) printf（"＊"）；

A. 9　　　　　　B. 5　　　　　　C. 6　　　　　　D. 7

12. 下面程序段的运行结果是(　　　)。

char ＊s = "abcde"；

s += 2；

printf（"%d"，s）；

A. cde　　　　　　　　　　　B. 字符'c'

C. 字符'c'的地址　　　　　　D. 无确定的输出结果

13. 设 p1 和 p2 是指向同一个字符的指针变量，c 为字符变量，则以下不能正确执行的赋值语句是(　　　)。

A. c = ＊p1 + ＊p2；　　　　　　B. p2 = c；

C. p1 = p2；　　　　　　　　　D. c = ＊p1 ＊（＊p2）；

14. 设有下面的程序段：

char s [ ] = "china"；char ＊p；p = s；

则下列叙述正确的是(　　　)。

A. s 和 p 完全相同

B. 数组 s 中的内容和指针变量 p 中的内容相等

C. s 数组长度和 p 所指向的字符串长度相等

D. ＊p 与 s [0] 相等

15. 以下正确的程序段是(　　　)。

A. char str [20]；　　　　　　B. char ＊p；
　　scanf（"%s"，&str）；　　　　scanf（"%s"，p）；

C. char str [20]；　　　　　　D. char str [20]，＊p = str；
　　scanf（"%s"，&str [2]）；　　scanf（"%s"，p [2]）；

16. 下面程序段的运行结果是(　　　)。

char str [ ] = "abc", ＊p = str;

printf ("％d \ n", ＊ (p + 3)) ;

A. 67   B. 0

C. 字符 'C' 的地址   D. 字符 'C'

17. 下面程序段的运行结果是(   )。

char a [ ] = "language", ＊p;

p = a;

while (＊p! = 'u')

{printf ("％c", ＊p − 32) ; p + + ;}

A. LANGUAGE   B. language   C. LANG   D. langUAGE

18. 若有以下定义，则对 a 数组元素的正确引用是(   )。

int a [5], ＊ p = a;

A. ＊ & [5]   B. a + 2   C. ＊ (p + 5)   D. ＊ (a + 2)

19. 若有以下定义，则对 a 数组元素地址的正确引用是(   )。

int a [5], ＊p = a;

A. p + 5   B. ＊ a + 1   C. &a + 1   D. &a [0]

20. 若有定义：int a [2] [3]；则对 a 数组的第 i 行第 j 列（假设 i，j 已正确说明并赋值）元素值的正确引用为(   )。

A. ＊ (＊ (a + i) + j)   B. (a + i) [j]

C. ＊ (a + i + j)   D. ＊ (a + i) + j

21. 若有定义：int a [2] [3]；则对 a 数组的第 i 行第 j 列（假设 i，j 已正确说明并赋值）元素地址的正确引用为(   )。

A. ＊ (a [i] + j)   B. (a + i)

C. ＊ (a + j)   D. a [i] + j

22. 以下程序运行后的输出结果是(   )。

main ( )

{ int i, x [3] [3] = {9, 8, 7, 6, 5, 4, 3, 2, 1}, ＊p = &x [1] [1];

for (i = 0; i < 4; i + = 2) printf ("％d", p [i]);

}

A. 52   B. 51   C. 53   D. 97

23. 若已定义：int a [9], ＊p = a；并在以后的语句中未改变 p 的值，不能表示 a [1] 地址的表达式是 (   )。

A. p + 1   B. a + 1   C. a + +   D. + + p

24. 若有以下的说明和语句，则在执行 for 语句后，＊ (＊ (pt + l) + 2) 表示的数组元素是 (   )。

int t [3] [3], ＊pt [3], k;

for（k＝0；k＜3；k＋＋）pt［k］＝&t［k］［0］；

A. t［2］［0］   B. t［2］［2］   C. t［l］［2］   D. t［2］［l］

25. 以下程序运行后的输出结果是(　　)。

```
main （ ）
{ char ch［3］［4］ ＝ { "123"，"456"，"78"}，*p［3］; int i;
   for （i＝0；i＜3；i＋＋）p［i］＝ch［i］;
   for （i＝0；i＜3；i＋＋）printf （ "%s"，p［i］);
}
```

A. 123456780   B. 123 456 780   C. 12345678   D. 147

26. 以下程序运行后的输出结果是(　　)。

```
main （ ）
{ char *s ＝ "12134211"; int v［4］ ＝ {0, 0, 0, 0}，k，i;
   for （k＝0；s［k］；k＋＋）
   {switch （s［k］)
   { case '1'：i＝0;
     case '2'：i＝1;
     case '3'：i＝2;
     case '4'：i＝3;
   }
   v［i］ ＋＋;
   }
   for （k＝0；k＜4；k＋＋）printf （ "%d "，v［k］);
}
```

A. 4 2 1 1   B. 0 0 0 8   C. 4 6 7 8   D. 8 8 8 8

27. 以下程序运行后的输出结果是(　　)。

```
#include "string. h"
main （ ）
{ char *p1，*p2，str［50］ ＝ "ABCDEFG";
   p1 ＝ "abcd"; p2 ＝ "efgh";
   strcpy （str＋1，p2＋1); strcpy （str＋3，p1＋3);
   printf （ "%s"，str);
}
```

A. AfghdEFG   B. Abfhd   C. Afghd   D. Afgd

28. 下列程序运行后的输出结果是(　　)。

```
void func （int *a，int b［］)
{ b［0］ ＝ *a ＋6;}
```

```
main（）
 {int a, b [5]；
 a =0；b [0] =3；
 func（&a, b）；printf（"%d \ n", b [0]）；
 }
```

  A. 6   B. 7   C. 8   D. 9

29. 下列程序运行后的输出结果是（ ）。

```
main（）
 { int a[3][3], *p, i；
   p =&a[0][0]；
   for（i=0；i<9；i++）p [i] =i+1；
   printf（"%d \ n", a [1] [2]）；
 }
```

  A. 3   B. 6   C. 9   D. 随机数

30. 下列程序运行后的输出结果是（ ）。

```
int b =2；
int func（int *a）
 { b + = *a；
   return（b）；}
main（）
  {int a =2, res =2；
   res + = func（&a）；
   printf（"%d \ n", res）；
 }
```

  A. 4   B. 6   C. 8   D. 10

31. 以下函数返回 a 所指数组中最小的值所在的下标值

```
fun（int *a, int n）
 { int i, j =0, p；
   p =j；
   for（i=j；i<n；i++）
   if（a [i] <a [p]）_____；
   return（p）；
 }
```

  在横线处应填入的是（ ）。

  A. i = p   B. a [p] =a [i]

  C. p = j   D. p = i

32. 有如下程序:

```
main ( )
{ char s [ ] = "ABCD", *p;
  for ( p = s + 1; p < s + 4; p ++ ) printf ( "%s \ n", p);
}
```

该程序运行后的输出结果是(　　)。

A. ABCD　　　　　B. A　　　　　　C. B　　　　　　D. BCD
　 BCD　　　　　　　 B　　　　　　　 C　　　　　　　 CD
　 CD　　　　　　　　 C　　　　　　　 D　　　　　　　 D
　 D　　　　　　　　　 D

33. 有如下程序:

```
main ( )
{ char ch[2][5] = { "6937", "8254"}, *p [2];
  int i, j, s = 0;
  for ( i = 0; i < 2; i ++ ) p [i] = ch [i];
  for ( i = 0; i < 2; i ++ )
  for ( j = 0; p [i] [j] > ' \ 0'; j + = 2)
  s = 10 * s + p [i] [j] - '0';
  printf ( "%d \ n", s);
}
```

该程序运行后的输出结果是 (　　　)。

A. 69825　　　　　B. 63825　　　　C. 6385　　　　D. 693825

34. 下列程序段运行后的输出结果是 (　　　)。

```
void fun ( int *x, int *y)
{ printf ( "%d %d", *x, *y); *x = 3; *y = 4;}
  main ( )
  {int x = 1, y = 2;
  fun ( &y, &x);
  printf ( "%d %d", x, y);
}
```

A. 2 1 4 3　　　　　B. 1 2 1 2　　　　　C. 1 2 3 4　　　　　D. 2 1 1 2

35. 以下程序运行后的输出结果是(　　)。

```
char ( char ch)
{ if ( ch > = 'A' &&ch < = 'Z') ch = ch - 'A' + 'a';
  return ch;
```

```
    }
main （ ）
{ char s [ ] = "ABC + abc = defDEF", * p = s;
while （ * p）
{ * p = c char （ * p）;
p + + ;
}
printf （ "% s \ n", s）;
}
```

A. abc + ABC = DEFdef   B. abc + abc = defdef

C. abcaABCDEFdef   D. abcabcdefdef

36. 以下程序运行后的输出结果是( )。

```
#include < stdio. h >
#include < string. h >
main （ ）
{ char b1 [18] = "abcdefg", b2 [8], * pb = b1 + 3;
while （ --pb > = b1） strcpy （b2, pb）;
printf （ "% d \ n", strlen （b2））;
}
```

A. 8   B. 3   C. 1   D. 7

37. 语句 int （ * ptr）（）的含义是( )。

A. ptr 是指向一维数组的指针变量

B. ptr 是指向 int 型数据的指针变量

C. ptr 是指向函数的指针，该函数返回一个 int 型数据

D. ptr 是一个函数名，该函数的返回值是指向 int 型数据的指针

38. 已有函数 max （a, b），为了让函数指针变量 p 指向函数 max，正确的赋值方法是( )。

A. p = max;   B. * p = max;

C. p = max （a, b）;   D. * p = max （a, b）;

39. 已有定义 int （ * p）（）; 指针 p 可以( )。

A. 代表函数的返回值   B. 指向函数的入口地址

C. 表示函数的类型   D. 表示函数返回值的类型

40. 若有说明：long * p, a; 则不能通过 scanf 语句正确给输入项读入数据的程序段是( )。

A. * p = &a; scanf （ "% ld", p）;

B. p = （long * ） malloc （8）; scanf （ "% ld", p）;

C. scanf（"%ld"，p=&a）；

D. scanf（"%ld"，&a）；

二、填空题

1. 在 C 语句中，指针变量能够赋＿＿＿＿＿＿值或＿＿＿＿＿＿值。

2. 若有定义：int a［10］，*p=a;，则*（p+5）表示＿＿＿＿＿＿。

3. 若有定义：int a［10］，*p=a;，则 p+5 表示＿＿＿＿＿＿。

4. 若有以下定义和语句：

int a[4] = ｛0，1，2，3｝；*p;

p=&a［1］；

则 ++（*p）的值是＿＿＿＿＿＿。

5. 若有定义：int a［2］［3］ = ｛2，4，6，8，10，12｝；则*（&a［0］［0］+2*2+1）的值是＿＿＿＿＿＿，*（a+5）的值是＿＿＿＿＿＿。

6. 若有以下定义和语句：

int a[4] = ｛0，1，2，3｝；*p;

p=&a［2］；

则*--p 的值是＿＿＿＿＿＿。

7. 若有定义：int a[2][3]=｛2，4，6，8，10，12｝；则 a[1][0]的值是＿＿＿＿＿＿，*（*（a+1）+0）的值是＿＿＿＿＿＿。

8. 以下程序的功能是：通过指针操作，找出三个整数中的最小值并输出。请填空。

```
#include "stdlib. h"
main（）
｛ int *a，*b，*c，num，x，y，z；
  a=&x；b=&y；c=&z；
  printf（"输入 3 个整数:"）；
  scanf（"%d%d%d"，a，b，c）；
  num = *a；
  if（*a>*b）  【1】  ；
  if（num>*c）  【2】  ；
  printf（"输出最小整数:%d\n"，num）
｝
```

【1】＿＿＿＿＿＿＿＿＿＿＿＿＿＿＿＿　　　　【2】＿＿＿＿＿＿＿＿＿＿＿＿＿＿＿＿

9. 以下程序将数组 a 中的数据按逆序存放。请填空。

```
#define m  8
main（）
｛ int a［m］，i，j，t；
```

```
for (i=0; i<m; i++)
scanf ("%d", a+i);
i=0; j=m-1;
while (i<j)
{ t=*(a+i); ___【1】___; *(___【2】___)=t;
  i++; j--;
}
for (i=0; i<m; i++) printf ("%3d", *(a+i));
}
```

【1】_____ 【2】_____

10. 下面程序段是把从终端读入的一行字符作为字符串放在字符数组中，然后输出。请填空。

```
int i;
char s[80], *p;
for (i=0; i<79; i++)
{ s[i]=getchar ();
  if (s[i]=='\n') break;
}
s[i]=___【1】___;
p=___【2】___;
while (*p) putchar (*p++);}
```

【1】_____ 【2】_____

11. 下面程序是判断输入的字符串是否是"回文"（顺读和倒读都一样的字符串称"回文"，如 level）。请填空。

```
#include <stdio.h>
#include <string.h>
main ()
{ char s[81], *p1, *p2;
  int n;
  gets (s);
  n=strlen (s);
  p1=s;
  p2=___【1】___;
  while (___【2】___)
  {if (*p1!=*p2) break;
   else {p1++; ___【3】___;}
```

```
        }
        if（p1 < p2）printf（"No \ n"）;
        else printf（"Yes \ n"）;
    }
```

【1】_____ 【2】_____

【3】_____

12. 下面程序的功能是将字符串中的数字字符删除后输出。请填空。

```
#include < stdio. h >
void del num（char * s）
{ int i, j;
    for（i = 0, j = 0; s [i]! = '\ 0'; i ++）
    if（s [i] < '0' ___【1】___ s [i] > '9'）
    {s [j] = s [i]; j ++ ;}
    ___【2】___ ;
}
main（）
{ char * item;
    printf（" \ n inputastring"）;
    gets（item）;
    del num（item）;
    printf（" \ n% s", ___【3】___ ）;
}
```

【1】_____ 【2】_____

【3】_____

13. 下面程序的功能是将字符串 b 复制到字符串 a。请填空。

```
# include "stdio. h"
s（char * s, char * t）
{ int i = 0;
    while（___【1】___）___【2】___ ;
}
main（ ）
{ char a [20], b [10];
    scanf（"% s", b）;
    s（___【3】___）;
    puts（a）;
}
```

【1】_____　　【2】_____

【3】_____

14. 下面程序的功能是比较两个字符（即字符数组）串是否相等，若相等则返回 1，否则返回 0。请填空。

```
f（char s [ ], char t [ ]）
{ int i = 0;
  while（___【1】___ && ___【2】___）i ++
  return（___【3】___）;
}
main（）
{ char a [6], b [7];
  int i;
  scanf（"%s%s", a, b）;
  i = f（a, b）;
  printf（"%d", i）;
}
```

【1】_____　　【2】_____

【3】_____

15. 下面程序的功能是将两个字符串 s1 和 s2 连接起来。请填空。

```
# include < stdio. h >
main（  ）
{ char s1 [80], s2 [80];
  gets（s1）; gets（s2）;
  conj（s1, s2）;
  puts（s1）;
}
conj（char * p1, char * p2）
{ char * p = p1;
  while（* p1）___【1】___;
  while（* p2）{ * p1 = ___【2】___; p1 ++; p2 ++;}
  * p1 = ' \ 0';
  ___【3】___;
}
```

【1】_____　　【2】_____

【3】_____

16. 下面程序可以逐行输出由 language 数组元素所指向的 5 个字符串。请填空。

```
main ( )
{ char * language [ ] = { "BASIC", "FORTRAN", "PROLOG", "JAVA", "C
  ++"};
  char  【1】   ;
  int k;
  for ( k = 0; k < 5; k ++ )
  { q = 【2】  ;
    printf ( "%s \ n", * q);
  }
}
```

【1】 _____　　【2】 _____

17. mystrlen 函数的功能是计算 str 所指字符串的长度，并作为函数值返回。请填空：

```
int mystrlen ( char * str)
{ int i;
  for ( i = 0;  【1】  ! = ' \ 0'; i ++ );
  return ( 【2】 );
}
```

【1】 _____　　【2】 _____

18. 若有定义：int * p [4];，则标识符 p 是_____。

19. 语句 int (* ptr) ( ); 的含义是_____。

20. 已有函数 max (a, b)，为了让函数指针变量 p 指向函数 max，正确的赋值方法是_____。

三、程序分析题

1. 下列程序运行后的输出结果是_____。

```
#include "stdio. h"
main ( )
{ int a [ ] = {1, 2, 3, 4, 5, 6, 7, 8, 9, 0}, * p;
  for ( p = a; p < a + 10; p ++ )
  printf ( "%d,", * p);
}
```

2. 下列程序运行后的输出结果是_____。

```
main ( )
{ int a [5] = {2, 4, 6, 8, 10}, * p, * * k;
  p = a; k = &p;
  printf ( "%d", * (p ++));
```

```
    printf（"%d\n"，**k）；
   }
```

3. 下列程序运行后的输出结果是_____。

```
main（）
{ int a [] = {2，4，6，8，10}；
  int y = 1，x，*p；
  p = &a[1]；
  for（x = 0；x < 3；x++）
  y += *（p + x）；
  printf（"%d\n"，y）；}
```

4. 下列程序运行后的输出结果是_____。

```
#include "ctype.h"
space（char *str）
{ int i，t；char ts [81]；
  for（i = 0，t = 0；str [i]! = '\0'；i += 2）
  if（! is space（*str + i）&& （*（str + i）! = 'a'））
  ts [t++] = toupper（str [i]）；
  ts [t] = '\0'；
  strcpy（str，ts）；}
main（）
{ char s [81] = { "abcdefg"}；
  space（s）；
  puts（s）；}
```

5. 有以下程序：

```
void fun（char *c，int d）
{ *c = *c + 1；
  d = d + 1；
  printf（"%c,%c,"，*c，d）；
}
main（）
{ char a = 'A'，b = 'a'；
  fun（&b，a）；
  printf（"%c,%c\n"，a，b）；
}
```

程序运行后的输出结果是_____。

6. 有以下程序：

```
int fa（int x）
｛return x＊x；｝
int fb（int x）
  ｛return x＊x＊x；｝
int f（int ＊f（1）（），int ＊f（2）（），int x）
  ｛return f2（x）－f1（x）；｝
  main（  ）
  ｛int i；
  i＝f（fa，fb，2）；
  printf（"％d＼n"，i）；
｝
```

程序运行后的输出结果是_____。

7. 有以下程序：

```
int ＊f（int ＊x，int ＊y）
｛if（＊x＜＊y）return x；
  else return y；
｝
main（  ）
｛int a＝7，b＝8，＊p，＊q，＊r；
  p＝&a；
  q＝&b；
  r＝f（p，q）；
  printf（"％d,％d,％d＼n"，＊p，＊q，＊r）；
｝
```

程序运行后的输出结果是_____。

8. 下列程序运行后的输出结果是_____。

```
fut（int ＊＊s，int p［2］［3］）
｛＊＊s＝p［1］［1］；｝
main（）
｛int a［2］［3］＝｛1，3，5，7，9，11｝，＊p；
p＝（int ＊）malloc（sizeof（int））；
fut（&p，a）；
printf（"％d＼n"，＊p）；｝
```

四、编程题

1. 写一函数，实现两个字符串的比较。即自己写一个 strcmp 函数，函数原形为：int

strcmp（char * p1，char * p2）；设 p1 指向字符串 s1，p2 指向字符串 s2。要求：当 s1 = s2 时，返回值为 0。当 s1 ≠ s2 时，返回它们二者的第一个不同字符的 ASCII 码差值（如 "BOY" 与 "BAD"，第二个字母不同，"O" 与 "A" 之差为 79 − 65 = 14）；如果 s1 > s2，则输出正值；如果 s1 < s2，则输出负值。

2. 编写一个程序，输入月份号，输出该月的英文月名。例如，输入 "3"，则输出 "March"，要求用指针数组处理。

3. 设计一个函数测试字符串的长度。

4. 设计一个函数完成对 10 个字符串进行排序。

5. 设计一个函数找出二维数组中最大值所在的行数和列数。

6. 请编写一个函数 int fun（int * s，int t，int * k），用来求出数组的最小元素在数组中的下标并存放在 k 所指的存储单元中。

例如，输入如下整数：

234 345 753 134 436 458 100 321 135 760

则输出结果为 6，100。

注意：部分源程序给出如下。

请勿改动主函数 main 和其他函数中的任何内容，仅在函数 fun 的花括号中填入所编写的若干语句。

试题程序：

```c
#include <stdlib.h>
#include <conio.h>
#include <stdio.h>
int fun (int * s, int t, int * k)
{


}
void main ()
{
    int a [10] = {234, 345, 753, 134, 436, 458, 100, 321, 135, 760}, k;
    system ("CLS");
    fun (a, 10, &k);
    printf ("%d, %d\n", k, a [k]);
}
```

7. 请编写一个函数 fun（），它的功能是：比较两个字符串的长度（不得调用 C 语言提供的求字符串长度的函数），函数返回较短的字符串。若两个字符串长度相等，则返回第 1 个字符串。

例如，输入 nanjing < CR > nanchang < CR > （< CR > 为回车键），函数将返回 nanjing。

注意：部分源程序给出如下。

请勿改动主函数 main 和其他函数中的任何内容，仅在函数 fun 的花括号中填入所编写的若干语句。

试题程序：

```c
#include < stdio. h >
char * fun (char * s, char * t)
{



}
void main ( )
{
    char a [20], b [10], * p, * q;
    printf ("Input 1th string：");
    gets (a);
    printf ("Input 2th string：");
    gets (b);
    printf ("%s", fun (a, b));
}
```

阶段复习（三）

1. 有以下程序
   ```
   #include < stdio. h >
   double f (double x);
   main ( )
   {  double a = 0;    int i;
      for (i = 0; i < 30; i + = 10)
        a + = f ( (double) i);
      printf ("%3.0f \ n", a);
   }
   double f (double x)
   {  return x * x + 1;}
   ```
   程序运行后的输出结果是（   ）。
   A. 1404   B. 401   C. 500   D. 503

2. 若有以下函数首部
   ```
   int fun (double  x [10], int * n)
   ```
   则下面针对此函数的函数声明语句中正确的是（   ）。
   A. int fun (double, int);   B. int fun (double * , int *);
   C. int fun (double * x, int n);   D. int fun (double x, int * n);

3. 有以下程序
   ```
   #include < stdio. h >
   main ( )
   {  int  m = 1, n = 2, * p = &m, * q = &n, * r;
      r = p;    p = q;    q = r;
      printf ("%d,%d,%d,%d \ n", m, n, * p, * q);
   }
   ```
   程序运行后的输出结果是（   ）。
   A. 1, 2, 1, 2   B. 1, 2, 2, 1
   C. 2, 1, 2, 1   D. 2, 1, 1, 2

4. 若有以下定义
   ```
   int x [10], * pt = x;
   ```

则对 x 数组元素的正确引用是（　　　）。

A. ＊（x＋3）　　　　B. ＊&x［10］　　　　C. ＊（pt＋10）　　　　D. pt＋3

5. 有以下程序

```
#include < stdio. h >
main ( )
{ int i, s =0, t [ ] = {1, 2, 3, 4, 5, 6, 7, 8, 9};
   for (i =0; i <9; i + =2) s + = * (t +i);
   printf ("% d \ n", s);
}
```

程序运行后的输出结果是（　　　）。

A. 45　　　　　　　B. 20　　　　　　　C. 25　　　　　　　D. 36

6. 有以下程序

```
#include < stdio. h >
#define   N   4
void fun (int   a [ ] [N], int   b [ ])
{ int   i;
   for (i =0; i < N; i + +) b [i] = a [i] [i];
}
main ( )
{ int   x [ ] [N] = { {1, 2, 3}, {4}, {5, 6, 7, 8}, {9, 10}}, y [N], i;
   fun (x, y);
   for (i =0; i < N; i ++)
printf ("% d,", y [i]);
   printf (" \ n");
}
```

程序运行后的输出结果是（　　　）。

A. 1, 4, 5, 9,　　　　　　　　　　B. 1, 2, 3, 4,

C. 1, 0, 7, 0,　　　　　　　　　　D. 3, 4, 8, 10,

7. 以下关于 return 语句的叙述中正确的是（　　　）。

A. 没有 return 语句的自定义函数在执行结束时不能返回到调用处

B. 一个自定义函数中必须有一条 return 语句

C. 定义成 void 类型的函数中可以有带返回值的 return 语句

D. 一个自定义函数中可以根据不同情况设置多条 return 语句

8. 已定义以下函数

```
int fun (int * p)
{ return * p; }
```

fun 函数的返回值是（　　）。

A. 形参 p 中存放的值　　　　　　　　B. 不确定的值

C. 一个整数　　　　　　　　　　　　D. 形参 p 的地址值

9. 以下程序段完全正确的是（　　）。

A. int k，∗p =&k；scanf（"%d"，p）；

B. int ∗ p；　　scanf（"%d"，p）；

C. int ∗ p；　　scanf（"%d"，&p）；

D. int k，∗p；∗p =&k；scanf（"%d"，p）；

10. 设有定义

double a［10］，∗s =a；

以下能够代表数组元素 a［3］的是（　　）。

A. ∗s +3　　　　　B.（∗s）［3］　　　C. ∗s［3］　　　　　　D. ∗（s +3）

11. 有以下程序

```
#include < stdio. h >
void f（int ∗q）
{ int i =0；
  for（i <5；i + +）（∗q）+ +；
}
main（）
{ int a［5］ = {1，2，3，4，5}，i；
  f（a）；
  for（i =0；i <5；i + +）printf（"%d，"，a［i］）；
}
```

程序运行后的输出结果是（　　）。

A. 2，3，4，5，6，　　　　　　　　　　B. 2，2，3，4，5，

C. 1，2，3，4，5，　　　　　　　　　　D. 6，2，3，4，5，

12. 有以下程序

```
#include < stdio. h >
int fun（int　（∗s）［4］，int　n，int　k）
{ int　m，i；
  m = s［0］［k］；
  for（i =1；i <n；i + +）
    if（s［i］［k］ >m）
      m = s［i］［k］；
  return m；
}
```

```
main ()
{ int a [4] [4] = { {1, 2, 3, 4},
        {11, 12, 13, 14},
        {21, 22, 23, 24},
        {31, 32, 33, 34}};
    printf ("%d \ n", fun (a, 4, 0));
}
```

程序运行后的输出结果是 (   )。

A. 34   B. 31   C. 4   D. 32

13. 以下叙述中错误的是 (   )。

A. 用户定义的函数中若没有 return 语句, 则应当定义函数为 void 类型

B. 用户定义的函数中可以没有 return 语句

C. 用户定义的函数中可以有多个 return 语句, 以便可以调用一次返回多个函数值

D. 函数的 return 语句中可以没有表达式

14. 有以下程序

```
#include < stdio. h >
void   fun (char * c, int d)
{   * c = * c + 1;
    d = d + 1;
    printf ("%c,%c,", * c, d);
}
main ()
{ char  b = 'a', a = 'A';
    fun (&b, a);
    printf ("%c,%c \ n", b, a);
}
```

程序运行后的输出结果是 (   )。

A. b, B, b, A   B. b, B, B, A

C. a, B, B, a   D. a, B, a, B

15. 下列选项中, 能正确定义数组的语句是 (   )。

A. #define N 2008 int num [N];

B. int num [];

C. int N = 2008; int num [N];

D. int num [0..2008];

16. 以下函数实现按每行 8 个输出 w 所指数组中的数据

```
#include    < stdio. h >
```

```
void   fun （int ∗ w，int n）
{ int   i;
  for （i = 0；i < n；i + +）
  {

      _____；
    printf （"% d"，w [i]）;
  }
    printf （"\ n"）;
}
```

在横线处应填入的语句是（   ）。

A. if （i/8 = = 0） printf （"\ n"）;

B. if （i/8 = = 0） continue;

C. if （i%8 = = 0） printf （"\ n"）;

D. if （i%8 = = 0） continue;

17. 有以下程序

```
#include < stdio. h >
voidfun （char ∗ c）
{
    while （∗ c）
    {
      if （∗ c > = 'a' && ∗ c < = 'z'）
        ∗ c = ∗ c − （'a' − 'A'）;
      c + +;
    }
}
main （）
{
    char s [81];
    gets （s）;
    fun （s）;
    puts （s）;
}
```

当执行程序时从键盘上输入 HelloBeijing < 回车 >，则程序的输出结果是（   ）。

A. hellobeijing   B. HelloBeijing

C. HELLOBEIJING   D. hELLOBeijing

18. 有以下程序

```
#include < stdio. h >
main ( )
{
  int a [4] [4] = { {1, 4, 3, 2},
        {8, 6, 5, 7},
        {3, 7, 2, 5},
        {4, 8, 6, 1}};
  inti, j, k, t;
  for (i = 0; i < 4; i + +)
    for (j = 0; j < 3; j + +)
      for (k = j + 1; k < 4; k + +)
        if (a [j] [i] > a [k] [i])
          {
            t = a [j] [i];
            a [j] [i] = a [k] [i];
            a [k] [i] = t;
          } /*按列排序 */
    for (i = 0; i < 4; i + +)
      printf ( "% d,", a [i] [i]);
}
```

程序运行后的输出结果是 (　　).

A. 1, 6, 2, 1,   B. 8, 7, 3, 1,

C. 4, 7, 5, 2,   D. 1, 6, 5, 7,

19. 若函数调用时的实参为变量时，以下关于函数形参和实参的叙述中正确的是(　　).

    A. 形参只是形式上的存在，不占用具体存储单元

    B. 函数的形参和实参分别占用不同的存储单元

    C. 同名的实参和形参占用同一存储单元

    D. 函数的实参和其对应的形参共占同一存储单元

20. 设有以下函数：

void fun (int n, char * s)

{ …… }

则下面对函数指针的定义和赋值均正确的是 (　　).

A. void (* pf) (int, char *);   pf = fun;

B. void * pf ( );   pf = fun;

C. void * pf ( );   * pf = fun;

D. void (* pf) (int, char); pf = &fun;

21. 若要求定义具有 10 个 int 型元素的一维数组 a，则以下定义语句中错误的是（　　）。

A. #define n 5　int a [2 * n];

B. int n = 10, a [n];

C. int a [5 + 5];

D. #define N 10 int a [N];

22. 有以下程序

```
#include < stdio. h >
main ( )
{ int i, t [ ] [3] = {9, 8, 7, 6, 5, 4, 3, 2, 1};
  for (i = 0; i < 3; i + +)
    printf ("%d", t [2 - i] [i]);
}
```

程序运行后的输出结果是（　　）。

A. 369　　　　　　B. 753　　　　　　C. 357　　　　　　D. 751

23. 有以下程序

```
#include < stdio. h >
void fun ( int * s, int n1, int n2)
{
    int i, j, t;
    i = n1; j = n2;
    while (i < j)
    {
     t = s [i];    s [i] = s [j];    s [j] = t;    i + +;    j - -;
    }
}
main ( )
{
    int a [10] = {1, 2, 3, 4, 5, 6, 7, 8, 9, 0}, k;
    fun (a, 0, 3); fun (a, 4, 9); fun (a, 0, 9);
    for (k = 0; k < 10; k + +)
      printf ("%d", a [k]);
    printf ("\ n");
}
```

程序运行后的输出结果是（　　）。

A. 5678901234　　　　　　　　B. 4321098765

C. 0987654321　　　　　　　　D. 0987651234

24. 有以下程序

```
#include < stdio. h >
```

```
main ( )
{
    int a [4] [4] = { {1, 4, 3, 2}, {8, 6, 5, 7}, {3, 7, 2, 5}, {4, 8,
    6, 1} }, i, k, t;
    for (i = 0; i < 3; i ++)
        for (k = i + 1; k < 4; k + +)
            if (a [i] [i]  < a [k] [k])
                { t = a [i] [i];   a [i] [i] = a [k] [k];   a [k] [k] = t; }
    for (i = 0; i < 4; i + +)
        printf ("%d,", a [0] [i]);
}
```

程序运行后的输出结果是（　　）。

A. 6, 2, 1, 1,　　　B. 6, 4, 3, 2,　　　C. 1, 1, 2, 6,　　　D. 2, 3, 4, 6,

25. 以下叙述中错误的是（　　）。

A. C 语言程序必须由一个或一个以上的函数组成

B. 函数调用可以作为一个独立的语句存在

C. 若函数有返回值，必须通过 return 语句返回

D. 函数形参的值也可以传回给对应的实参

26. 有以下程序

```
#include < stdio. h >
main ( )
{
    int a = 1, b = 3, c = 5;
    int * p1 = &a, * p2 = &b, * p = &c;
    * p = * p1 * ( * p2);
    printf ("%d \ n", c);
}
```

程序运行后的输出结果是（　　）。

A. 3　　　　　　　　B. 2　　　　　　　　C. 1　　　　　　　　D. 4

27. 有以下程序

```
#include < stdio. h >
void   f (int * p, int * q);
main ( )
{
    int   m = 1, n = 2, * r = &m;
```

```
        f (r, &n);
        printf ("%d,%d", m, n);
}
voidf (int * p, int * q)
{
    p = p + 1;
    * q = * q + 1;
}
```

程序运行后的输出结果是（　　）。

A. 2, 3   B. 1, 3   C. 1, 4   D. 1, 2

28. 若有定义语句：

int　a [2] [3], * p [3];

则以下语句中正确的是（　　）。

A. p [0] = &a [1] [2];   B. p [0] = a;

C. p = a;   D. p [1] = &a;

29. 以下程序中函数 f 的功能是：当 flag 为 1 时，进行由小到大排序；当 flag 为 0 时，进行由大到小排序。

```
#include < stdio. h >
void f (int b [ ], int n, int flag)
{
    int i, j, t;
    for (i = 0; i < n - 1; i + + )
        for (j = i + 1; j < n; j + + )
            if (flag? b [i] > b [j]: b [i] < b [j])
                { t = b [i]; b [i] = b [j]; b [j] = t; }
}
main ( )
{
    int a [10] = {5, 4, 3, 2, 1, 6, 7, 8, 9, 10}, i;
    f ( &a [2], 5, 0);
    f (a, 5, 1);
    for (i = 0; i < 10; i + + )
        printf ("%d,", a [i]);
}
```

程序运行后的输出结果是（　　）。

A. 10, 9, 8, 7, 6, 5, 4, 3, 2, 1,

B. 1，2，3，4，5，6，7，8，9，10，

C. 5，4，3，2，1，6，7，8，9，10，

D. 3，4，5，6，7，2，1，8，9，10，

30. 有以下程序

```
#include < stdio. h >
main ( )
{
    int  s [12] = {1，2，3，4，4，3，2，1，1，1，2，3}，c [5] = {0}，i;
    for (i = 0; i < 12; i + +)
      c [s [i]] + + ;
    for (i = 1; i < 5; i + +)
      printf ("% d", c [i]);
    printf (" \ n");
}
```

程序运行后的输出结果是（   ）。

A. 4332   B. 2344   C. 1234   D. 1123

31. 设有定义：

char ＊ c；

以下选项中能够使 c 正确指向一个字符串的是（   ）。

A. scanf ("% s"，c)；   B. char str [] = "string"; c = str;

C. c = getchar ( )；   D. ＊c = "string";

32. 若有定义语句：

char s [10] = "1234567 \ 0 \ 0"；

则 strlen (s) 的值是（   ）。

A. 10   B. 9   C. 8   D. 7

33. 有以下程序

```
#include < stdio. h >
#include < string. h >
main ( )
{ char p [20] = {'a','b','c','d'}，q [] = "abc"，r [] = "abcde";
  strcat (p，r); strcpy (p + strlen (q)，q);
  printf ("% d \ n", strlen (p));
}
```

程序运行后的输出结果是（   ）。

A. 6   B. 9   C. 11   D. 7

34. 有以下程序（说明：字母 A 的 ASCII 码值是 65）

```c
#include < stdio. h >
void fun (char * s)
{ while ( * s)
  { if ( * s%2) printf ("%c", * s);
    s ++ ;
  }
}
main ()
{ char a [] = "BYTE";
  fun (a);
  printf (" \ n");
}
```

程序运行后的输出结果是（   ）。

A. BY   B. BT   C. YT   D. YE

35. 有以下程序

```c
#include < stdio. h >
int   fun ()
{
  static  int  x = 1;
  x + = 1;
  return  x;
}
main ()
{
  int  i, s = 1;
  for (i = 1; i < = 5; i + +) s + = fun ();
  printf ("%d \ n", s);
}
```

程序运行后的输出结果是（   ）。

A. 6   B. 11   C. 21   D. 120

36. 有以下程序

```c
#include < stdio. h >
void fun2 (char a, char b)
{
  printf ("%c%c", a, b);
```

```
    }
    char a = 'A', b = 'B';
    void fun1 ( )
    {
        a = 'C';
        b = 'D';
    }
    main ( )
    {
        fun1 ( );
        printf ( "%c%c", a, b);
        fun2 ('E','F');
    }
```

程序运行后的输出结果是（　　　）。

A. ABCD   B. ABEF   C. CDEF   D. CDAB

37. 以下选项中正确的语句组是（　　　）。

A. char * s; s = "BOOK!";   B. char * s; s = { "BOOK!"};

C. char s [10]; s = "BOOK!";   D. char s [ ]; s = "BOOK!";

38. 若有定义语句：

char * s1 = "OK", * s2 = "ok";

以下选项中，能够输出 "OK" 的语句是（　　　）。

A. if (strcmp (s1, s2)! =0) puts (s1);

B. if (strcmp (s1, s2)! =0) puts (s2);

C. if (strcmp (s1, s2) = =1) puts (s1);

D. if (strcmp (s1, s2) = =0) puts (s1);

39. 有以下程序

```
#include < stdio. h >
void fun ( char * * p)
{
    ++ p;
    printf ( "%s \ n", * p);
}
main ( )
{
    char * a [ ] = { "Morning", "Afternoon", "Evening", "Night"};
    fun (a);
```

}

程序运行后的输出结果是（   ）。

A. fternoon   B. Afternoon   C. Morning   D. orning

40. 有以下程序，程序中库函数 islower（ch）用以判断 ch 中的字母是否为小写字母。

```
#include < stdio. h >
#include < ctype. h >
void fun（char * p）
{
    int i = 0;
    while（p [i]）
    {
        if（p [i] = = ''&&islower（p [i-1]））
            p [i-1] = p [i-1] - 'a' + 'A';
        i ++;
    }
}
main（ ）
{
    char s1 [100] = "abcdEFG!";
    fun（s1）;
    printf（ "% s \ n", s1）;
}
```

程序运行后的输出结果是（   ）。

A. Ab Cd EFg!   B. aB cD EFG!

C. ab cd EFG!   D. ab cd EFg!

41. 有以下程序

```
#include < stdio. h >
int f（intx）
{
    int y;
    if（x = =0 | | x = =1）return（3）;
    y = x * x - f（x-2）;
    return y;
}
main（ ）
{
```

```
      int   z;
      z = f (3);
      printf ("%d \ n", z);
   }
```

程序运行后的输出结果是（   ）。

A. 0   B. 9   C. 6   D. 8

42. 有以下程序

```
#include < stdio. h >
int fun (int x [ ], int n)
{
   static   int sum = 0, i;
   for (i = 0; i < n; i + +) sum + = x [i];
   return sum;
}
main ( )
{
   int a [ ] = {1, 2, 3, 4, 5}, b [ ] = {6, 7, 8, 9}, s = 0;
   s = fun (a, 5)  + fun (b, 4);
   printf ("%d \ n", s);
}
```

程序运行后的输出结果是（   ）。

A. 60   B. 50   C. 45   D. 55

43. 有以下程序（strcat 函数用以连接两个字符串）

```
#include < stdio. h >
#include < string. h >
main ( )
{
    char a [20] = "ABCD \ 0EFG \ 0", b [ ] = "IJK";
   strcat (a, b);
   printf ("%s \ n", a);
}
```

程序运行后的输出结果是（   ）。

A. IJK   B. ABCDE \ 0FG \ 0IJK

C. ABCDIJK   D. EFGIJK

44. 有以下程序段

char name [20];

int num;

scanf（"name = % s num = % d"，name，&num）;

当执行上述程序段，并从键盘输入：name = Lili num = 1001 < 回车 > 后，name 的值为（   ）。

A. name = Lili num = 1001   B. name = Lili

C. Lili num =   D. Lili

45. 有以下程序

#include < stdio. h >

main（）

{

   char ch [] = "uvwxyz"，* pc;

   pc = ch;

   printf（"% c \ n"，*（pc + 5））;

}

程序运行后的输出结果是（   ）。

A. z   B. 0

C. 元素 ch [5] 的地址   D. 字符 y 的地址

46. 有以下程序

#include < stdio. h >

main（）

{

   char s [] = {"012xy"};

   int i，n = 0;

   for（i = 0; s [i]! = 0; i + +）

    if（s [i] > = 'a'&&s [i] < = 'z'）

     n + +;

   printf（"% d \ n"，n）;

}

程序运行后的输出结果是（   ）。

A. 0   B. 2   C. 3   D. 5

47. 有以下程序

#include < stdio. h >

int   fun（int n）

{

   if（n = = 1）

```
        return 1;
    else
        return (n + fun (n − 1));
}
main ( )
{
    int x;
    scanf ("%d", &x);
    x = fun (x);
    printf ("%d\n", x);
}
```

执行程序时，给变量 x 输入 10，程序运行后的输出结果是（   ）。

A. 45   B. 54   C. 65   D. 55

48. 有以下程序

```
#include <stdio.h>
int f (int m)
{ static int n = 0;
    n += m;
    return n;
}
main ( )
{ int n = 0;
    printf ("%d,", f (++n));
    printf ("%d\n", f (n++));
}
```

程序运行后的输出结果是（   ）。

A. 2，3   B) 1，1   C. 1，2   D. 3，3

49. 以下选项中正确的语句组是（   ）。

A. char *s; s = { "BOOK!"};   B. char *s; s = "BOOK!";

C. char s [10]; s = "BOOK!";   D. char s [ ]; s = "BOOK!";

50. 若有以下定义和语句

```
#include <stdio.h>
char  s1 [10] = "abcd!", *s2 = "\n123\\";
printf ("%d %d\n", strlen (s1), strlen (s2));
```

则运行后的输出结果是（   ）。

A. 10 5 5   B. 5 5   C. 10 7   D. 5 8

第 7 章　结构体和共用体

一、选择题

1. 设有以下语句

   typedef struct TT

   {char c; int a[4]; } CIN;

   则下面叙述中正确的是(　　)。

   　A. 可以用 TT 定义结构体变量　　　　B. TT 是 struct 类型的变量

   　C. 可以用 CIN 定义结构体变量　　　D. CIN 是 struct TT 类型的变量

2. 设有以下说明语句

   struct stu

   { int a;

   　 float b;

   } stutype;

   则下面的叙述不正确的是(　　)。

   　A. struct 是结构体类型的关键字　　　B. struct stu 是用户定义的结构体类型

   　C. stutype 是用户定义的结构体类型名　D. a 和 b 都是结构体成员名

3. 下列程序运行后的输出结果是(　　)。

   ```
   #include "stdio. h"
   main ( )
   { struct date
     {int year, month, day;
     } today;
     printf ( "% d \ n", sizeof (struct date));
   }
   ```

   　A. 6　　　　　　　　B. 8　　　　　　　　C. 10　　　　　　　　D. 12

4. 下面程序运行后的输出结果是(　　)。

   ```
   main ( )
   {
       struct cmplx {int x;
                     int y;
   ```

} cnum [2] = {1, 3, 2, 7};

 printf（"%d\n", cnum[0].y/cnum[0].x * cnum[1].x);

}

 A. 0   B. 1   C. 3   D. 6

5. 若有以下定义和语句：

 struct student

 { int age;

  int num;

  };

 struct student stu[3] = { {1001, 20}, {1002, 19}, {1003, 21}};

 main（ ）

 {struct student * p;

 p = stu;

 ……}

则以下不正确的引用是（   ）。

 A. （p ++）— > num   B. p ++

 C. （* p）. num   D. p = &stu. age

6. 以下 scanf 函数调用语句中对结构体变量成员的不正确引用是（   ）。

 struct pupil

 { char name[20];

  int age;

  int sex;

 } pup[5], * p;

 p = pup;

 A. scanf（"%s", pup[0].name）;   B. scanf（"%d", &pup[0].age）;

 C. scanf（"%d", &（p— >sex））;   D. scanf（"%d", p— >age）;

7. 若有以下说明和语句：

 struct student

 { int age;

  int num;

 } std, * p;

 p = &std;

则以下对结构体变量 std 中成员 age 的引用方式不正确的是（   ）。

 A. std. age   B. p— > age   C. （* p）. age   D. * p. age

8. 设有如下定义：

 struct sk

```
{ int a;
  float b;
  } data;
int * p;
```
若要使 p 指向 data 中的 a 域，正确的赋值语句是(　　)。

    A. p = &a   B. p = data. a   C. p = &data. a   D. * p = data. a

9. 下列程序运行后的输出结果是(　　)。

```
#include <string. h>
struct abc
{ int a, b, c;};
  main ( )
  {struct abc s [2] = { {1, 2, 3}, {4, 5, 6}};
  int t;
  t = s [0] . a + s [1] . b% s [0] . c;
  printf ( "% d \ n", t);
  }
```
    A. 7   B. 4   C. 3   D. 2

10. 有以下程序段

```
struct st
{ int x; int * y;} * pt;
  int a [] = {1, 2}, b [] = {3, 4};
  struct st c [2] = {10, a, 20, b};
pt = c;
```
以下选项中表达式的值为 11 的是(　　)。

    A. * pt -> y   B. pt -> x   C. ++ pt -> x   D. (pt ++) -> x

11. 已知学生记录描述为

```
struct student
{ int no;
  char name [20];
  char sex;
  struct {int year; int month; int day;} birth;
};
struct student s;
```
设变量 s 中的"生日"应是"1984 年 11 月 11 日"，下列对"生日"的正确赋值方式是(　　)。

    A. year = 1984;   B. birth. year = 1984;

month = 11 ;   birth. month = 11 ;

day = 11 ;   birth. day = 11 ;

C. s. year = 1984 ;   D. s. birth. year = 1984 ;

s. month = 11 ;   s. birth. month = 11 ;

s. day = 11 ;   s. birth. day = 11 ;

12. 以下定义和语句：

struct student

｛int age；

int num；｝；

struct student stu ［3］ = ｛ ｛1001，20｝，｛1002，19｝，｛1003，21｝｝；

main （ ）

｛struct student ＊p；

p = stu；

…… ｝

则以下不正确的引用是(   )。

A. p ++ ） － >num   B. p ++

C. （ ＊p） . num   D. p = &stu. age

13. 有以下结构体定义：

struct example

｛int x；

int y；｝ v1；

则正确的引用或定义是(   )。

A. example. x = 10   B. example v2；v2. x = 10；

C. struct v2；v2. x = 10；   D. struct example v2 = ｛10｝；

14. 对如下结构体定义，若对变量 person 的出生年份进行赋值，正确的赋值是
    (   )。

struct date

｛int year，month，day；

｝；

struct worklist

｛char name ［20］；

char sex；

struct date birth；

｝ person；

A. year = 1976   B. birth. year = 1976

C. person. birth. year = 1976   D. person. year = 1976

15. 根据下述定义，可以输出字符'A'的语句是(   )。

```
struct person
{char name [11];
  struct {char name [11]; int age;} other [10];
};
struct person man [10] = {{"Jone", {"Paul", 20}}, {"Paul", {"Mary", 18}},
{ "Mary", { "Adam", 23}}, { "Adam", { "Jone", 22}}
};
```

A. printf ("%c", man [2].other [0].name [0]);

B. printf ("%c", other [0].name [0]);

C. printf ("%c", man [2].(*other [0]));

D. printf ("%c", man [3].name);

16. 若要利用下面的程序片段使指针变量 p 指向一个存储整型变量的存储单元，则【 】中应填入的内容是(   )。

```
int *p;
p = 【 】 malloc (sizeof (int));
```

A. int   B. int *   C. (*int)   D. (int *)

17. 设有以下语句

```
struct st
{int n;
struct st *next;
};
static struct st a[3] = {5, &a [1], 7, &a [2], 9, '\0'}, *p;
p = &a [0];
```

则以下表达式的值为 6 的是(   )。

A. p ++ ->n   B. p ->n ++   C. (*p).n ++   D. ++p ->n

18. 若有以下定义：

```
struct link
{int data; struct link *next;} a, b, c, *p, *q;
```

且变量 a 和 b 之间已有如下图所示的链表结构：

指针 p 指向变量 a，q 指向变量 c。则能够把 c 插入到 a 和 b 之间并形成新的链表的语句组是(　　　)。

A. a. next = c；c. next = b；

B. p. next = q；q. next = p. next；

C. p － > next = &c；q － > next = p － > next；

D. (＊p). next = q；(＊q). next = &b；

19. 当说明一个共用体变量时，系统分配给它的内存是(　　　)。

A. 各成员所需内存量的总和　　　　　B. 结构中第一个成员所需内存量

C. 成员中占内存量最大者所需的容量　D. 结构中最后一个成员所需内存量

20. 以下关于 typedef 叙述不正确的是(　　　)。

A. 用 typedef 可以定义各种类型名，但不能定义变量

B. 用 typedef 可以增加新的类型

C. 用 typedef 只是将已经存在的类型用一个新的名字来代表

D. 用 typedef 便于程序的通用

21. 若有以下定义和语句：

union data

　{ int i；

　　char c；

　　float f；

　} a；

　int n；

　则以下语句正确的是(　　　)。

A. a = 5；　　　　　　　　　　　B. a = {2,'a',1.2}；

C. printf("%d \ n", a. i)；　　　　D. n = a；

22. 程序运行后的输出结果是(　　　)。

```
#include < stdio. h >
main ( ) {
    union {
    char s [2]；
    int i；
    } a；
a. i = 0x1234；
printf ("%x,%x \ n", a. s [0], a. s [1])；
}
```

A. 12, 34　　　　　B. 34, 12　　　　　C. 12, 00　　　　　D. 34, 00

23. 以下关于枚举叙述不正确的是(　　　)。

A. 枚举变量只能取对应枚举类型的枚举元素表中的元素

B. 可以定义枚举类型时对枚举元素进行初始化

C. 枚举元素表中的元素有先后次序，可以比较

D. 枚举元素的值可以是整数或者字符串

24. 以下对枚举类型名的定义正确的是(　　)。

　A. enum a ＝ ｛one，two，three｝;

　B. enum a ｛one＝1，two＝－1，three｝;

　C. enum a ＝ ｛"one"，"two"，"three"｝;

　D. enum a ｛"one"，"two"，"three"｝;

25. 下面程序运行后的输出结果是(　　)。

```
#include ＜stdio.h＞
main()
{ enum team {my，your＝4，his，her＝his＋10};
    printf("%d%d%d%d\n"，my，your，his，her);
}
```

　A. 0 1 2 3　　　　B. 0 4 0 10　　　C. 0 4 5 15　　　D. 1 4 5 15

26. 以下叙述中不正确的是(　　)。

　A. 表达式 a& ＝b 等价于 a ＝a&b　　　　B. 表达式 a｜＝b 等价于 a ＝a｜b

　C. 表达式 a! ＝b 等价于 a ＝a! b　　　　D. 表达式 a^ ＝b 等价于 a ＝a^b

27. 表达式 0x13 & 0x17 的值是(　　)。

　A. 0x17　　　　　B. 0x13　　　　　C. 0xf8　　　　　D. 0xec

28. 在执行完以下 C 语句后，b 的值是(　　)。

```
char z ＝'A';
int b;
b ＝((241&15) && (z｜'a'));
```

　A. 0　　　　　　B. 1　　　　　　C. TRUE　　　　　D. FALSE

29. 表达式 0x13｜0x17 的值是(　　)。

　A. 0x13　　　　　B. 0x17　　　　　C. 0xE8　　　　　D. 0xc8

30. 在位运算中，操作数每右移一位，其结果相当于(　　)。

　A. 操作数乘以 2　　B. 操作数除以 2　　C. 操作数除以 4　　D. 操作数乘以 4

二、填空题

1. 设有三人的姓名和年龄存在结构体数组中，以下程序输出三人中年龄居中者的姓名和年龄，请在【　】处填入正确内容。

```
static struct man
{
    char name[20];
```

```
    int age;
} person [ ] = { "li-ming", 18, "wang-hua", 19, "zhang-ping", 20};
main ( )
{ int i, j, max, min;
    max = min = person [0] . age;
    for (i = 1; i < 3; i ++)
    if (person [i] . age > max)   【1】   ;
    else if (person [i] . age < min)   【2】   ;
    for (i = 0; i < 3; i ++)
    if (person [i] . age! = max   【3】   person [i] . age! = min)
    { printf ( "% s % d \ n", person [i] . name, person [i] . age);
        break;
    }
}
```

【1】 _____   【2】 _____

【3】 _____

2. 有以下程序:

```
#include < stdio. h >
struct stu
{
    int num;
    char name [10];
    int age;
};
void fun (struct stu * p)
{ printf ( "% s \ n", (* p) . name); }
main ( )
    {struct stu student [3] = { {9801, "Zhang", 20},
                    {9802, "Wang", 19}, {9803, "Zhao", 18}};
    fun (students + 2);
}
```

运行以上程序输出的结果是 _____。

3. 若已定义:

```
struct num
{ int a; int b;
    float f;
```

　　　　　{ n = {1, 3, 5.0};

　　　　　struct num ＊pn = &n;

　　　　　则表达式 pn － ＞b/n. a＊＋＋pn － ＞b 的值是_____。

　　　　　表达式（＊pn）. a＋pn － ＞f 的值是 _____。

　　4. 以下定义的结构体类型拟包含两个成员,其中成员变量 info 用来存入整型数据,成员变量 link 是指向自身结构体的指针。请将定义补充完整。

　　　　　struct node

　　　　　{ int info;

　　　　　　link;

　　　　　}

　　5. 已有定义如下:

　　　　　struct node

　　　　　{ int data;

　　　　　　struct node ＊next;

　　　　　} ＊p;

　　　　　以下语句调用 malloc 函数,使指针 p 指向一个具有 struct node 类型的动态存储空间。请填空。

　　　　　p = （ struct node ＊) malloc (_____);

　　6. 以下程序段的功能是统计链表中结点的个数,first 为指向第一个结点的指针（链表不带头结点）,请在_____中填入正确的内容。

　　　　　struct link

　　　　　{ char data;

　　　　　　struct link ＊next;

　　　　　}

　　　　　……

　　　　　struct link ＊p, ＊first;

　　　　　int c =0;

　　　　　p = first;

　　　　　while （___【1】___)

　　　　　{ ___【2】___;

　　　　　　p = ___【3】___;

　　　　　}

　　【1】_____　　　　　【2】_____

　　【3】_____

　　7. 下面程序运行后的输出结果是_____.

　　　　　#include "stdio. h"

　　　　　main ( )

```
{ union {int a [2];
    long b;
    char c [4];
    } s;
    s. a [0] =0x39;
    s. a [1] =0x38;
    printf ( "%lx \ n", s. b);
    printf ( "%c \ n", s. c [0]);
}
```

8. 下面程序运行后的输出结果是_____。

```
void main ( )
{ union eg1
    {int c;
    int d;
    struct {int a; int b;} out;
    } e;
    e. c =1; e. d =2;
    e. out. a = e. c * e. d;
    e. out. b = e. c + e. d;
    printf ( "%d,%d \ n", e. out. a, e. out. b);
}
```

9. 下面的程序中，左边是附加的行号，其中含有错误的行是_____。

```
#include "stdio. h"
enum date {sum, mon, tue, wen, thu, fri, sat};
void main ( )
1 {enum date day1, day2;
2    day1 = mon;
3    day2 = day1
4    if (day2 > day1)
5    printf ( "%s > %s", day1, day2);
6    for ( day1 = sum, day1 < sat, day1 ++ )
7    printf ( "No. %d,", day1);
}
```

10. 下面程序运行后的输出结果为_____。

```
typedef union student
{ char name [10];
    long sno;
```

```
        char sex;
        float score [4];
    } stu;
    main ( )
    { stu a [5];
        printf ( "% d \ n", sizeof (a));
    }
```

三、编程题

1. 试利用指向结构体的指针编制一程序,实现输入三个学生的学号、数学期中和期末成绩,然后计算其平均成绩并输出成绩表。

2. 编写 m 只猴子选大王的程序:所有的猴子按 1,2,3,…,m 编号,围坐一圈,按 1,2,3,…,n 报数,报到 n 的猴子出列,直到圈内只剩下一只猴子时,这只猴子就是大王。要求:

(1) m,n 由键盘输入。

(2) 输出猴王的号码。

3. 已有 a,b 两个链表,每个链表中的结点包括学号、成绩。要求把两个链表合并,按学号升序排列。

4. 口袋中有红、黄、蓝、白和黑五种颜色的球若干个,每次从口袋中取出 3 个球,问得到三种不同色的球的可能取法,打印出每种组合的三种颜色。

5. N 名学生的成绩已在主函数中放入一个带头节点的链表结构中,h 指向链表的头节点。请编写函数 fun ( ),它的功能是:找出学生的最低分,由函数值返回。

注意:部分源程序给出如下。

请勿改动主函数 main 和其他函数中的任何内容,仅在函数 fun 的花括号中填入所编写的若干语句。

试题程序:

```
#include  < stdio. h >
#include  < stdlib. h >
#define N 8
struct slist
{ double s;
    struct slist * next;
};
typedef struct slist STREC;
double fun (STREC  * h)
{
```

```
  }
STREC * creat（double * s）
{
   STREC * h，* p，* q;
   int i = 0;
   h = p = （STREC *）malloc（sizeof（STREC.）;
   p - > s = 0;
   while（i < N）                /* 产生 8 个节点的链表，各分数存入链表中 */
   { q = （STREC *）malloc（sizeof（STREC.）;
     p - > s = s [i]; i + +; p - > next = q; p = q;
   }
   p - > next = NULL;
   return h;      /* 返回链表的首地址 */
}
outlist（STREC * h）
{
   STREC * p;
   p = h;
   printf（"head"）;
   do
   { printf（" - > % 2. 0f "，p - > s）; p = p - > next;}     /* 输出各分数 */
     while（p - > next! = NULL）;
     printf（" \ n \ n "）;
   }
void main（）
{
   double s [N] = {56，89，76，95，91，68，75，85}，min;
   STREC * h;
   h = creat（s）;
   outlist（h）;
   min = fun（h）;
   printf（"min = % 6. 1f \ n "，min）;
}
```

第8章 文件的输入输出

一、选择题

1. 系统的标准输入文件是指( )。

    A. 键盘   B. 显示器   C. 软盘   D. 硬盘

2. 以下叙述错误的是( )。

    A. C 语言中对二进制文件的访问速度比文本文件快

    B. C 语言中，随机文件以二进制代码形式存储数据

    C. 语句 FILE * fp；定义了一个名为 fp 的文件指针

    D. C 语言中的文本文件以 ASCII 码形式存储数据

3. 若执行 fopen 函数时发生错误，则函数的返回值是( )。

    A. 地址值   B. 0   C. 1   D. EOF

4. 若要用 fopen 函数打开一个新的二进制文件，该文件要既能读也能写，则文件方式字符串应是( )。

    A. "ab +"   B. "wb +"   C. "rb +"   D. "ab"

5. fscanf 函数的正确调用形式是( )。

    A. fscanf（fp，格式字符串，输出表列）；

    B. fscanf（格式字符串，输出表列，fp）；

    C. fscanf（格式字符串，文件指针，输出表列）；

    D. fscanf（文件指针，格式字符串，输入表列）；

6. fgetc 函数的作用是从指定文件读入一个字符，该文件的打开方式必须是( )。

    A. 只写   B. 追加

    C. 读或读写   D. 答案 B 和 C 都正确

7. 函数调用语句：fseek（fp，-20L，2）；的含义是( )。

    A. 将文件位置指针移到距离文件头 20 个字节处

    B. 将文件位置指针从当前位置向后移动 20 个字节

    C. 将文件位置指针从文件末尾处后退 20 个字节

    D. 将文件位置指针移到离当前位置 20 个字节处

8. 以下可作为函数 fopen 中第一个参数的正确格式是( )。

    A. c：user \ text. txt   B. c：\ user \ text. txt

    C. "c：\ user \ text. txt"   D. "c：\\ user \\ text. txt"

9. 若以 "a +" 方式打开一个已存在的文件，则以下叙述正确的是( )。

    A. 文件打开时，原有文件内容不被删除，位置指针移到文件末尾，可做添加和读

  操作

  B. 文件打开时，原有文件内容不被删除，位置指针移到文件开头，可做重写和读
   操作

  C. 文件打开时，原有文件内容被删除，只可做写操作

  D. 以上各种说法皆不正确

10. 当顺利执行了文件关闭操作时，fclose 函数的返回值是(　　)。

  A. −1　　　　　　B. TURE　　　　　C. 0　　　　　　D. 1

11. 已知函数的调用形式：fread（buffer, size, count, fp）；其中 buffer 代表的
是(　　)。

  A. 一个整型变量，代表要读入的数据项总数

  B. 一个文件指针，指向要读的文件

  C. 一个指针，指向要读入数据的存放地址

  D. 一个存储区，存放要读的数据项

12. fwrite 函数的一般调用形式是(　　)。

  A. fwrite（buffer, count, size, fp）；

  B. fwrite（fp, size, count, buffer）；

  C. fwrite（fp, count, size, buffer）；

  D. fwrite（buffer, size, count, fp）；

13. 若调用 fputc 函数输出字符成功，则其返回值是(　　)。

  A. EOF　　　　　B. 1　　　　　　C. 0　　　　　D. 输出的字符

14. 设有以下结构体类型：

  struct st

  { char name [8]；

   int num；

   float s [4]；

  } student [50]；

  并且结构体数组 student 中的元素都已有值，若要将这些元素写到硬盘文件 fp 中，
  以下不正确的形式是(　　)。

  A. fwrite（student, sizeof（struct st）, 50, fp）；

  B. fwrite（student, 50 ∗ sizeof（struct st）, 1, fp）；

  C. fwrite（student, 25 ∗ sizeof（struct st）, 25, fp）；

  D. for（i＝0；i＜50；i＋＋）

   fwrite（student＋i, sizeof（struct st）, 1, fp）；

15. 以下与函数 fseek（fp, 0L, SEEK_ SET）有相同作用的是(　　)。

  A. feof（fp）　　　B. ftell（fp）　　　C. fgetc（fp）　　　D. rewind（fp）

16. 有以下程序

  #include ＜stdio. h＞

```
main ( )
  { FILE ∗fp; int i, k, n;
    fp = fopen ( "data. dat", "w + ");
    for (i = 1; i < 6; i + + )
    { fprintf (fp, "% d ", i);
      if ( i%3 = = 0) fprintf (fp, " \ n");
    }
    rewind (fp);
    fscanf (fp, "% d% d", &k, &n); printf ( "% d % d \ n", k, n);
    fclose (fp);
}
```

运行以上程序的输出结果是（   ）。

A. 0 0   B. 123 45   C. 1 4   D. 1 2

17. 在 C 语言程序中，可把整型数以二进制形式存放到文件中的函数是(   )。

A. fprintf 函数   B. fread 函数   C. fwrite 函数   D. fputc 函数

18. 若 fp 是指向某文件的指针，且已读到此文件末尾，则库函数 feof (fp) 的返回值是(   )。

A. EOF   B. 0   C. 非零值   D. NULL

19. 若要打开 A 盘上的 user 子目录下名为 abc. txt 的文本文件进行读、写操作，下面符合此要求的函数调用是(   )。

A. fopen ("A：\\ user \\ abc. txt", "r")

B. fopen ("A：\\ user \\ abc. txt", "r + ")

C. fopen ("A：\\ user \\ abc. txt", "rb")

D. fopen ("A：\\ user \\ abc. txt", "w")

20. 下述关于 C 语言文件操作的结论中，正确的是(   )。

A. 对文件操作必须先关闭文件

B. 对文件操作必须先打开文件

C. 对文件操作完毕不需关闭文件

D. 对文件操作必须先测试文件是否存在

21. C 语言中可以处理的文件类型是 (   )。

A. 文本文件和数据文件   B. 二进制文件和数据文件

C. 文本文件和二进制文件   D. 数据代码文件

22. 在执行 fopen 函数时，ferror 函数的初值是 (   )。

A. 0   B. − 1   C. 1   D. TRUE

23. 若 fp 为文件指针，且文件已正确打开，以下语句的输出结果为 (   )。

```
fseek (fp, 0, SEEK_ END. ;
i = ftell (fp);
```

```
printf （"i = % d", i）;
```

A. fp 所指文件的记录的长度

B. fp 所指文件的长度，以字节为单位

C. fp 所指文件的当前位置，以字节为单位

D. fp 所指文件的当前位置，以字为单位

24. 有以下程序

```
#include < stdio. h >
main （ ）
{ FILE ∗ fp; int i;
   char ch [ ] = "abcd", t;
   fp = fopen （"abc. dat", "wb + "）;
   for （i = 0; i < 4; i + + ) fwrite （&ch [ i ], 1, 1, fp）;
   fseek （fp, − 2L, SEEK_ END. ）;
   fread （&t, 1, 1, fp）;
   fclose （fp）;
   printf （"% c \ n", t）;
}
```

运行以上程序的输出结果是（　　）。

A. d　　　　　　　　B. c　　　　　　　　C. b　　　　　　　　D. a

二、填空题

1. 在 C 语言程序中，文件可以用_____方式存取，也可以用_____方式存取。

2. 在 C 语言程序中，数据可以用_____和_____两种代码形式存放。

3. 在 C 语言中，文件的存取是以_____为单位的，这种文件被称作_____文件。

4. 设有以下结构体类型：

```
struct st
{ char name [ 8 ];
   int num;
   floats [ 4 ];
} student [ 50 ];
```

并且结构体数组 student 中的元素都已有值，若要将这些元素写到硬盘文件 fp 中，
请将以下 fwrite 语句补充完整。

```
fwrite （student , _____, 1, fp）;
```

5. 下列程序用于统计文件中的字符个数，填空使程序完整。

```
#include < stdio. h >
void main （ ）
{ FILE ∗ fp;
```

```
        long num = 0;
        if ( (fp = fopen ( "test"," r + ")) = = NULL)
        { printf ( "Can't open File. ");
          return;
        }
        while      【1】
        num + + ;
             【2】
        printf ( "num = % ld", num);
        }
```

【1】_____   【2】_____

6. 下面程序的功能是从键盘接受姓名（例如：输入"ZHANG SAN"），在文件"try. dat"中查找，若文件中已经存入了刚输入的姓名，则显示提示信息；若文件中没有刚输入的姓名，则将该姓名存入文件。要求：(1)若磁盘文件"try. dat"已存在，则要保留文件中原来的信息；若文件"try. dat"不存在，则在磁盘上建立一个新文件；(2)当输入的姓名为空时（长度为0），结束程序。

```
        #include < stdio. h >
        main ( )
        { FILE * fp;
          int flag;
          char name [30], data [30];
          if ( (fp = fopen ( "try. dat",    【1】    )) = = NULL )
          { printf ( "Open file error \ n");
            exit (0);
          }
          do
          { printf ( "Enter name:");
            gets (name);
            if ( strlen (name) = = 0 )
            break;
            strcat (name, " \ n");
               【2】   ;
            flag = 1;
            while ( flag && (fgets (data, 30, fp)    【3】    ))
            if ( strcmp (data, name) = = 0 )
               【4】   ;
            if ( flag )
```

```
        fputs （name，fp）；
        else
        printf （"\tData enter error！\n"）；
    } while （___【5】___）；
    fclose （fp）；
}
```

【1】_____　　　　【2】_____

【3】_____　　　　【4】_____

【5】_____

7. 程序运行时系统自动打开三个标准文件：标准输入、标准输出、标准出错输出文件，并定义了三个文件类型指针_____、_____、_____分别指向这三个文件。

8. 以下程序的功能是将文件 file1. c 的内容输出到屏幕上，并复制到文件 file2. c 中，请在空白处填入适当内容。

```
#include <stdio. h>
main （）
{ FILE ___【1】___；
    fp1 = fopen （"file1. c"，"r"）；
    fp2 = fopen （"file2. c"，"w"）；
    while （！feof （fp1））
    putchar （fgetc （fp1））；
    ___【2】___；
    while （！foef （fp1））
    fputc （___【3】___）；
    fclose （fp1）；
    fclose （fp2）；
}
```

【1】_____　　　　【2】_____

【3】_____

9. 以下程序功能是用"追加"的形式打开 aa. txt 查看文件指针的位置，然后向文件写入"data"，再查看文件指针的位置。

```
#include <stdio. h>
main （）
{ ___【1】___；
    long position；
    fp = fopen （___【2】___）；
    position = ftell （fp）；
```

```
printf（"position = % ld \ n", position）;
fprintf（___【3】___）;
position = ftell（fp）;
printf（"position = % ld \ n", position）;
fclose（fp）;
    }
```

【1】_____   【2】_____

【3】_____

三、编程题

1. 删除一个 C 源程序文件中的注释。（算法：用空格擦写/ * .... * /部分。设两个长整型变量 pos1，pos2，表示注释开始和结束的位置。注意查找注释开始与结束的方法。）

2. 输入一句英语，将其作为一行，添加进正文文件 B1. TXT 中。

3. 统计一个字符文件 file1. txt 中的字符个数。

4. 从文件 file1. dat 中读入一行字符到内存，将其中的小写字母全部转换成大写字母，然后输出到文件 file2. dat 中。

5. 设有两个有序的字符文件 file1. txt 和 file2. txt，要求将这两个有序的字符文件合并成新的有序的字符文件 file3. txt。

6. 有两个磁盘文件 a1. txt 和 a2. txt，各存放若干行字母，今要求把这两个文件中的信息按行交叉合并（即先是 a1. txt 的第一行，接着是 a2. txt 的第一行，然后是 a1. txt 的第二行，跟着是 a2. txt 的第二行……），输出到一个新文件 a3. txt 中去。

7. 将 8 名职工的数据（工号，姓名，年龄，工资）从键盘输入，然后保存到文件 worker. dat 中。

8. 在 worker. dat 的末尾添加一位职工的记录数据。

9. 统计出上题 worker. dat 中保存的职工记录个数，并求出工资的最大值。

10. 设 worker. dat 中的记录个数不超过 100，试读出这些数据，对年龄超过 50 岁的职工每人增加 100 元工资，然后按工资高低排序，排序结果存入文件 w_ sort. dat 中。

11. 有一磁盘文件 employee. dat 存放职工的数据。每个职工的数据包括：职工姓名、职工号、性别、年龄、住址、工资、健康状况、文化程度。今要求将职工名、工资的信息单独抽出来另建一个简明的职工工资文件 salary. dat。

12. 学生的记录由学号和成绩组成，N 名学生的数据已在主函数中放入结构体数组 s 中，请编写函数 fun。它的功能是：把指定分数范围内的学生数据放在 b 所指的数组中，分数范围内的学生人数由函数值返回。将分数在 80 到 98 之间的人数和分数存放在 out. dat 文件中。

例如，输入的分数是 60 69，则应当把分数在 60 到 69 之间的学生数据进行输出，包含 60 分和 69 分的学生数据。主函数中将把 60 放在 low 中，把 69 放在 heigh 中。

注意：部分源程序如下。

请勿改动主函数 main 和其他函数中的任何内容，仅在函数 fun 的花括号中填入你编写的若干语句。

```c
#include <stdio. h>
#define N 16
typedef struct
{ char num [10];
    int s;
} STREC;
int fun (STREC *a, STREC *b, int l, int h)
{


}
main ()
{ STRECs [N] = {{"GA005", 85}, {"GA003", 76}, {"GA002", 69}, {"GA004", 85},
                {"GA001", 96}, {"GA007", 72}, {"GA008", 64}, {"GA006", 87},
                {"GA015", 85}, {"GA013", 94}, {"GA012", 64}, {"GA014", 91},
                {"GA011", 90}, {"GA017", 64}, {"GA018", 64}, {"GA016", 72}};
STRECh [N], tt; FILE *out;
    int i, j, n, low, heigh, t;
    printf ("Enter 2 integer number low & heigh :");
    scanf ("%d%d", &low, &heigh);
    if (heigh < low) {t = heigh; heigh = low; low = t;}
    n = fun (s, h, low, heigh);
    printf ("The student's data between %d--%d : \n", low, heigh);
    for (i = 0; i < n; i++)
    printf ("%s%4d \n", h [i] . num, h [i] . s);
    printf ("\n");
    out = fopen ("c: \test \out. dat", "w");
    n = fun (s, h, 80, 98);
    fprintf (out, "%d \n", n);
    for (i = 0; i < n - 1; i++)
    for (j = i + 1; j < n; j++)
    if (h [i] . s > h [j] . s) {tt = h [i]; h [i] = h [j]; h [j] = tt;}
    for (i = 0; i < n; i++)
    fprintf (out, "%4d \n", h [i] . s);
    fprintf (out, "\n");
    fclose (out);
}
```

阶段复习（四）

1. 以下关于 typedef 的叙述错误的是（　　　）。

    A. 用 typedef 为类型说明一个新名，通常可以增加程序的可读性

    B. typedef 只是将已存在的类型用一个新的名字来代表

    C. 用 typedef 可以为各种类型说明一个新名，但不能用来为变量说明一个新名

    D. 用 typedef 可以增加新类型

2. 程序中已构成如下图所示的不带头结点的单向链接表结构，指针变量 s、p、q 均已正确定义，并用于指向链表结点，指针变量 s 总是作为头指向链表的第一个结点。

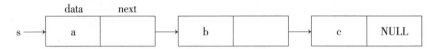

    若有以下程序段

    q = s；s = s－＞next；p = s；

    while（p－＞next）p = p－＞next；

    p－＞next = q；q－＞next = NULL；

    该程序段实现的功能是（　　　）。

    A. 删除首结点　　　　　　　　　　B. 删除尾结点

    C. 首结点成为尾结点　　　　　　　D. 尾结点成为首结点

3. 有以下程序

```
#include < stdio. h >
#define   S ( x )    4 * ( x )  * x + 1
main ( )
{ int k = 5，j = 2；
    printf（ "%d \ n"，S（k + j））；
}
```

    程序运行后的输出结果是（　　　）。

    A. 197　　　　　　　　B. 143　　　　　　　　C. 33　　　　　　　　D. 28

4. 若有以下程序段

    int　　　r = 8；

    printf（ "%d \ n"，r >> 1）；

程序运行后的输出结果是（　　　）。

A. 2   B. 4   C. 8   D. 16

5. 以下叙述中错误的是（　　　）。

   A. gets 函数用于从终端读入字符串

   B. getchar 函数用于从磁盘文件读入字符

   C. fputs 函数用于把字符串输出到文件

   D. fwrite 函数用于以二进制形式输出数据到文件

6. 有以下程序

```
#include < stdio. h >
main ( )
{ FILE   * pf;
   char  * s1 = "China", * s2 = "Beijing";
   pf = fopen ( "abc. dat", "wb + ");
   fwrite ( s2, 7, 1, pf);
   rewind ( pf);      /* 文件位置指针回到文件开头 */
   fwrite ( s1, 5, 1, pf);
   fclose ( pf);
}
```

以上程序执行后 abc. dat 文件的内容是（　　　）。

A. Chin   B. Chinaang   C. ChinaBeijing   D. BeijingChina

7. 有以下结构体说明\ 变量定义和赋值语句

```
structSTD
{ char name [10];
   int age;
   char sex;
} s [5], * ps;
ps = &s [0];
```

则以下 scanf 函数调用语句有错误的是（　　　）。

A. scanf ("% d", ps − >age);   B. scanf ("% d", &s [0]. age);

C. scanf ("% c", & (ps − >sex));   D. scanf ("% s", s [0]. name);

8. 若有以下语句

```
typedef   struct   S
      { int g; char h; } T;
```

以下叙述中正确的是（　　　）。

A. 可用 T 定义结构体变量   B. 可用 S 定义结构体变量

C. S 是 struct 类型的变量   D. T 是 struct 类型的变量

9. 有以下程序

```
#include < stdio. h >
#include < string. h >
struct   A
  {
    int   a;
    char   b [10];
    double   c;
  };
struct   A   f (struct   A   t);
main ( )
  {
    struct   A   a = {1001, "ZhangDa", 1098.0};
    a = f (a);
    printf ( "%d,%s,%6.1f\ n", a. a, a. b, a. c);
  }
struct   A   f (struct   A   t)
  {
    t. a = 1002;
    strcpy (t. b, "ChangRong");
    t. c = 1202.0;
    returnt;
  }
```

程序运行后的输出结果是（   ）。

A. 1001，ChangRong，1098.0   B. 1001，ZhangDa，1098.0

C. 1002，ChangRong，1202.0   D. 1002，ZhangDa，1202.0

10. 设有宏定义：

#define IsDIV (k, n)   ((k%n = =1)? 1: 0)

且变量 m 已正确定义并赋值，则宏调用：IsDIV (m, 5) &&IsDIV (m, 7) 为真时所要表达的是（   ）。

A. 判断 m 被 5 和 7 整除是否都余 1   B. 判断 m 是否能被 5 和 7 整除

C. 判断 m 被 5 或者 7 整除是否余 1   D. 判断 m 是否能被 5 或者 7 整除

11. 有以下程序

```
#include < stdio. h >
main ()
```

```
{
    int a=1, b=2, c=3, x;
    x=（a^b）&c;
    printf（"%d\n", x）;
}
```

程序运行后的输出结果是（   ）。

A. 1   B. 2   C. 3   D. 0

12. 有以下程序

```
#include <stdio. h>
main（ ）
{
    FILE  *fp;
    int k, n, a[6] = {1, 2, 3, 4, 5, 6};
    fp=fopen（"d2. dat", "w"）;
    fprintf（fp, "%d%d%d\n", a[0], a[1], a[2]）;
    fprintf（fp, "%d%d%d\n", a[3], a[4], a[5]）;
    fclose（fp）;
    fp=fopen（"d2. dat", "r"）;
    fscanf（fp, "%d%d", &k, &n）;
    printf（"%d%d\n", k, n）;
    fclose（fp）;
}
```

程序运行后的输出结果是（   ）。

A. 1234   B. 14   C. 123456   D. 12

13. 设有以下语句

```
typedef struct  TT
{ char c;  int  a[4];} CIN;
```

则下面叙述中正确的是（   ）。

A. TT 是 struct 类型的变量   B. 可以用 CIN 定义结构体变量

C. 可以用 TT 定义结构体变量   D. CIN 是 struct TT 类型的变量

14. 有以下程序

```
#include <stdio. h>
structord
{ int x, y;} dt[2] = {1, 2, 3, 4};
main（ ）
```

```
{
    structord * p = dt;
    printf（"%d,"，++（p->x））;
    printf（"%d\n"，++（p->y））;
}
```

程序运行后的输出结果是（　　）。

A. 3, 4　　　　　　B. 4, 1　　　　　　C. 2, 3　　　　　　D. 1, 2

15. 有以下程序

```
#include   <stdio.h>
#define   SUB（a）（a）-（a）
main（）
{ int a=2，b=3，c=5，d;
  d=SUB（a+b）*c;
  printf（"%d\n"，d）;
}
```

程序运行后的输出结果是（　　）。

A. -12　　　　　　B. -20　　　　　　C. 0　　　　　　D. 10

16. 有以下程序

```
#include<stdio.h>
main（）
{ int a=2，b;
  b=a<<2;
  printf（"%d\n"，b）;
}
```

程序运行后的输出结果是（　　）。

A. 2　　　　　　B. 4　　　　　　C. 6　　　　　　D. 8

17. 下列关于 C 语言文件的叙述中正确的是（　　）。

A. 文件由数据序列组成，可以构成二进制文件或文本文件

B. 文件由结构序列组成，可以构成二进制文件或文本文件

C. 文件由一系列数据依次排列组成，只能构成二进制文件

D. 文件由字符序列组成，其类型只能是文本文件

18. 有以下程序

```
#include<stdio.h>
main（）
{ FILE * fp;
```

```
int  a [10] = {1, 2, 3, 0, 0}, i;
fp = fopen（"d2. dat"，"wb"）;
fwrite（a，sizeof（int），5，fp）;
fwrite（a，sizeof（int），5，fp）;
fclose（fp）;
fp = fopen（"d2. dat"，"rb"）;
fread（a，sizeof（int），10，fp）;
fclose（fp）;
for（i = 0; i < 10; i + +）
printf（"% d,"，a [i]）;
}
```

程序运行后的输出结果是（   ）。

A. 1, 2, 3, 0, 0, 0, 0, 0, 0, 0,

B. 1, 2, 3, 1, 2, 3, 0, 0, 0, 0,

C. 123, 0, 0, 0, 0, 123, 0, 0, 0, 0,

D. 1, 2, 3, 0, 0, 1, 2, 3, 0, 0,

19. 有以下程序段

```
struct  st
{ int  x;   int * y;}  * pt;
  int  a [ ] = {1, 2}, b [ ] = {3, 4};
  struct  st  c [2] = {10, a, 20, b};
  pt = c;
```

以下选项中表达式的值为 11 的是（   ）。

A. pt - > x   B. + +pt - > x   C. * pt - > y   D. （pt + +）- > x

20. 有以下程序

```
#include   < stdio. h >
struct  S { int  n; int  a [20]; };
void  f（int * a, int n）
{
  int i;
  for（i = 0; i < n − 1; i + +）
    a [i]  + = i;
}
main（）
{
```

```
    int i;
    struct S   s = {10, {2, 3, 1, 6, 8, 7, 5, 4, 10, 9}};
    f (s. a, s. n);
    for (i = 0; i < s. n; i + +)
      printf ("%d,", s. a [i]);
}
```

程序运行后的输出结果是（   ）。

A. 1, 2, 3, 6, 8, 7, 5, 4, 10, 9,

B. 3, 4, 2, 7, 9, 8, 6, 5, 11, 10,

C. 2, 3, 1, 6, 8, 7, 5, 4, 10, 9,

D. 2, 4, 3, 9, 12, 12, 11, 11, 18, 9,

第二部分
C 语言程序设计案例

  C 语言是目前国际上比较流行的计算机高级编程语言之一，因其简洁、使用方便且具有强大功能而受到编程人员的普遍青睐。它既适合作为系统描述语言，也可用来编写系统软件，还可用来编写应用软件。

  为了帮助读者深入理解 C 语言的各项知识点，掌握利用 C 语言进行程序设计的原理和方法，本书精心编制了 3 个案例，涵盖信息管理系统、经典游戏、应用工具三大类别，覆盖知识面广泛，所有案例均在 VC＋＋6.0 上调试通过。这些案例，不但可使读者对 C 语言的基础知识和数据结构的应用有深刻的理解，而且还可以帮助读者掌握软件开发的方法和技巧。

第 1 章　商品库存管理系统

1.1　设计目的

为了解决商品库存信息在日常生活中易于丢失、遗忘，不易保存和管理的问题，我们设计商品库存管理系统，来帮助商家方便地对商品信息进行增加、删除、修改等日常维护，并且能进行商品信息的查询，从而能更全面直观地了解到商品库存信息。

通过本章的学习，读者能够掌握：

（1）如何实现菜单的显示、选择和响应等功能；

（2）如何将信息保存到指定的磁盘文件中，并通过操作文件指针和调用文件相关函数来实现对文件的读写操作；

（3）如何使用结构体封装商品属性信息；

（4）如何利用结构体数组记录多个商品信息；

（5）如何通过 C 语言实现基本的增、删、改、查等信息管理功能。

1.2　需求分析

本项目功能需求如下：

商品入库：能够录入商品编号、名称、数量、价格、生产日期、供货商等信息，并支持连续输入多个商品信息。

商品出库：根据用户输入的要进行出库操作的商品编号，如果存在该商品，则可以输入要出库的商品数量，实现出库操作。

删除商品信息：根据用户输入的要进行删除的商品编号，如果能找到该商品，则将该编号所对应的商品名称等各项信息删除。

修改商品信息：根据用户输入的商品编号找到该商品，若该商品存在，则可以修改商品的各项信息。

查询商品信息：可以显示所有商品的信息，也可以输入商品编号查询某一件商品的信息。

1.3　总体设计

商品库存管理系统的功能结构图如图 1-1 所示，主要包括 6 个功能模块，分别介绍如下：

（1）商品入库模块：自动显示系统中已有的商品信息，如果还没有商品，显示没有记录。提示用户是否需要入库，用户输入需要入库的商品编号，系统自动判断该商品是否已经存在。若存在，则无法入库；若不存在，则提示用户输入商品的相关信息，一件商品的所有信息均输入完成之后，系统还会询问是否继续进行其他商品的入库操作。

（2）商品出库模块：自动显示系统中已有的商品信息，并提示用户输入需要出库的商品编号，系统自动判断该商品是否已经存在。若存在，则提示用户输入出库的数量；若不存在，则提示用户找不到该商品，无法进行出库操作。

（3）删除商品模块：自动显示系统中已有的商品信息，并提示用户输入需要删除的商品编号，系统自动判断该商品是否已经存在。若存在，则提示用户是否删除该商品；若不存在，则提示无法找到该商品。

（4）修改商品模块：自动显示系统中已有的商品信息，并提示用户输入需要修改的商品编号，系统自动判断该商品是否已经存在。若存在，则提示用户输入新的商品信息；若不存在，则提示无法找到该商品。

（5）查询商品模块：通过用户输入的商品编号来查找商品。若存在，则提示用户是否显示商品所有信息；若不存在，则提示无法找到该商品。

（6）显示商品模块：负责将所有商品的信息列表显示出来。

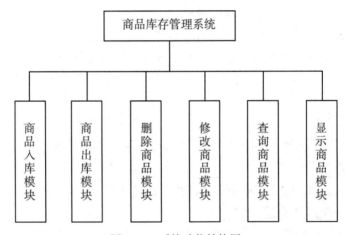

图 1-1　系统功能结构图

1.4　详细设计与实现

1.4.1　预处理及数据结构

1. 头文件

本系统包含三个头文件，其中 stdlib. h 是标准库头文件，项目中用到的 system（cls）函数需要包含此头文件。conio. h 并不是 C 标准库中的文件，conio 是 Console Input/Output（控制台输入输出）的简写，其中定义了通过控制台进行数据输入和输出的函数，主要是用户通过按键产生的对应操作，比如 getch 函数等。

#include < stdio. h >

#include < conio. h >　　／∗ getch（）函数用到的头文件∗／

#include < stdlib. h > ／∗ system（cls）函数用到的头文件∗／

2. 宏定义

三个宏定义使得程序更加简洁，其中 FORMAT 和 DATA 是为了对输出格式进行控制，格式说明由"%"和格式字符组成，如% d、% lf 等。它的作用是将输出的数据转换为指定的格式输出。

#define PRODUCT_ LEN sizeof（struct Product）

#define FORMAT "% − 8d% − 15s% − 15s% − 15s% − 12. 1lf% − 8d \ n"

#define DATA astPro［i］. iId, astPro［i］. acName, astPro［i］. acProducer, astPro［i］. acDate, astPro［i］. dPrice, astPro［i］. iAmount

3. 结构体

本系统中定义了一个结构体 Product，用来封装商品的属性信息，包括商品编号、商品名称、商品生产商、商品生产日期、商品价格以及商品数量。

```
struct Product                    /∗定义商品结构体∗/
{
int    iId;                       /∗商品代码∗/
char acName［15］;                 /∗商品名称∗/
char acProducer［15］;             /∗商品生产商∗/
char acDate［15］;                 /∗商品生产日期∗/
double dPrice;                    /∗商品价格∗/
int    iAmount;                   /∗商品数量∗/
};
```

4. 全局变量

本系统定义了一个结构体数组的全局变量，用于存放多个商品的信息。

```
struct Product astPro［100］;       /∗定义结构体数组∗/
```

1.4.2　主函数

1. 功能设计

主函数用于实现主菜单的显示，并响应用户对菜单项的选择。其中，主菜单为用户提供 7 种不同的操作选项，当用户在界面上输入需要的操作选项时，系统自动执行该选项的功能。某个功能执行完后，还能自动返回到主菜单，便于用户进行其他操作。

2. 实现代码

（1）函数声明部分

void ShowMenu（）;   /∗显示主菜单∗/

（2）函数实现部分

①main 函数

主函数运行后，首先调用菜单响应函数 ShowMenu 实现菜单的显示，选项 1 ~ 6 分别表示商品入库、商品出库、删除商品、修改商品、商品查询和商品显示。选择不同的菜单项则调用不同的功能函数，输入 0 则退出系统。程序流程图如图 1－2 所示。

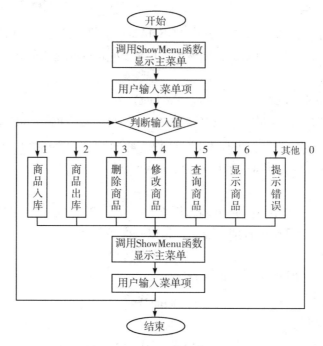

图 1－2　main 函数程序流程图

```
void main  ( )                  /＊主函数＊/
{
int iItem；
ShowMenu  ( )；
scanf  ("％d", &iItem)；        /＊输入菜单项＊/
while（iItem）
{
    switch（iItem）
    {
    case 1：InputProduct  ( )；break；   /＊商品入库＊/
    case 2：OutputProduct  ( )；break；/＊商品出库＊/
    case 3：DeleteProduct  ( )；break；/＊删除商品＊/
    case 4：ModifyProduct  ( )；break；/＊修改商品＊/
    case 5：SearchProduct  ( )；break；/＊搜索商品＊/
    case 6：ShowProduct  ( )；break；    /＊显示商品＊/
    default：printf  ("input wrong number")；/＊错误输入＊/
    }
```

```
    getch（ ）;                      /＊读取键盘输入的任意字符＊/
    ShowMenu（ ）;                   /＊执行完功能再次显示菜单功能＊/
    scanf（"%d", &iItem）;           /＊输入菜单项＊/
    }
}
```

②ShowMenu 函数

```
void ShowMenu（ ）                   /＊自定义函数实现菜单功能＊/
{
system（"cls"）;                     /＊清屏＊/
printf（"\n\n\n\n\n"）;
printf（"\t\t| - - - - - - - - - - - - - - - - - - - -PRODUCT- - - -
- - - - - - - - - - - - - - -|\n"）;
printf（"\t\t|\t1. input record|\n"）;
printf（"\t\t|\t2. output record|\n"）;
printf（"\t\t|\t3. delete record |\n"）;
printf（"\t\t|\t4. modify record|\n"）;
printf（"\t\t|\t5. search record|\n"）;
printf（"\t\t|\t6. show record|\n"）;
printf（"\t\t|\t0. exit            |\n"）;
printf（"\t\t| - - - - - - - - - - - - - - - - - - - - - - - - -
- - - - - - - - - - - - - - -|\n\n"）;
printf（"\t\t\tchoose（0 - 6）:"）;
}
```

3. 核心界面

菜单选择界面如图 1 - 3 所示，输入的值不在 0~6 之间，提示用户输入错误。

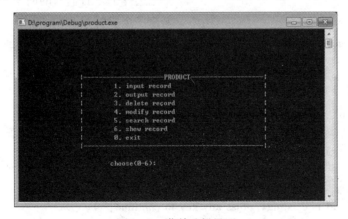

图 1 - 3　菜单选择界面

1.4.3　商品入库模块

1. 功能设计

在主菜单的界面中输入"1"，即可进入商品入库模块。首先展示系统中的商品信息，并提示用户是否录入，用户输入字符 y 或者字符 Y，即可以进行数据录入。首先录入商品编号，如果输入的商品编号已经存在，系统会提示用户该商品已经存在；若商品是第一次入库，用户则需陆续输入商品的名称、生产商、生产日期、价格和数量信息。

2. 实现代码

1）函数声明部分

```
void InputProduct（）;                      ＊商品入库函数＊/
```

2）函数实现部分

```
void InputProduct（）                       /＊商品入库函数＊/
{
int i, iMax = 0;                           /＊iMax 记录文件中的商品记录条数＊/
char cDecide;                              /＊存储用户输入的是否入库的判断字符＊/
FILE ＊fp;                                  /＊定义文件指针＊/
iMax = ShowProduct（）;                    /＊ShowProduct 函数从文件中读取所有商品信
息到结构体 astPro 中，并列表显示所有商品信息＊/
if（（fp = fopen（"product. txt", "ab"））＝＝ NULL)      /＊追加方式打开一个二进
制文件＊/
{
printf（"can not open file \ n"）;         /＊提示无法打开文件＊/
return;
}
printf（"press y/Y to input:"）;
getchar（）;                                /＊把选择1之后输入的回车符取走＊/
cDecide = getchar（）;                     /＊读一个字符＊/
while（cDecide ＝＝'y' | | cDecide ＝＝'Y'）      /＊判断是否要录入新信息＊/
{
printf（"Id:"）;                           //＊输入商品编号＊/
scanf（"％d", &astPro［iMax］. iId）;
for（i = 0; i＜iMax; i++）
if（astPro［i］. iId ＝＝ astPro［iMax］. iId）      //＊若该商品已存在＊/
{
printf（"the id is existing, press any key to continue!"）;
getch（）;
```

```
fclose（fp）；                          // * 关闭文件, 结束 input 操作 * /
return；
}
printf（"Name："）；                     // * 输入商品名称 * /
scanf（"%s", &astPro［iMax］.acName）；
printf（"Producer："）；                  // * 输入商品生产商 * /
scanf（"%s", &astPro［iMax］.acProducer）；
printf（"Date（Example 15 – 5 – 1）："）；  // * 输入商品生产日期 * /
scanf（"%s", &astPro［iMax］.acDate）；
printf（"Price："）；                     // * 输入商品价格 * /
scanf（"%lf", &astPro［iMax］.dPrice）；
printf（"Amount："）；                    // * 输入商品数量 * /
scanf（"%d", &astPro［iMax］.iAmount）；
if（fwrite（&astPro［iMax］, PRODUCT_ LEN, 1, fp）！＝ 1）    / * 在文件末尾添
加该商品记录 * /
{
printf（"can not save! \ n"）；
getch（ ）；                            // * 等待敲键盘, 为了显示上一句话 * /
}
else
{
printf（"product Id %d is saved! \ n", astPro［iMax］.iId）；/ * 成功入库提示 * /
iMax + +；
}
printf（"press y/Y to continue input："）；  // * 询问是否继续 * /
getchar（ ）；                           // * 把输入商品数量之后的回车符取走 * /
cDecide ＝ getchar（ ）；                 // * 判断是否为 y/Y, 继续循环 * /
}
fclose（fp）；                          // * 不再继续录入, 关闭文件 * /
printf（"Input is over! \ n"）；
}
```

3. 核心界面

连续录入商品各项信息的界面如图 1 – 4 所示, 重复入库的提醒界面如图 1 – 5 所示。

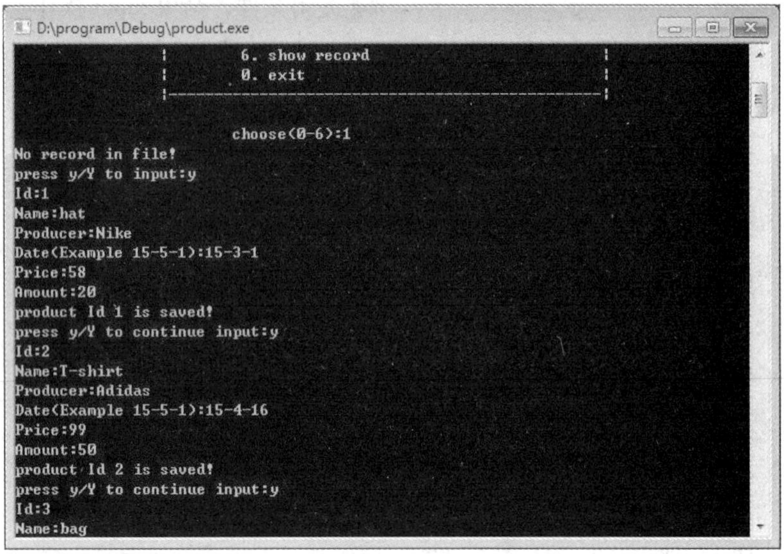

图 1-4　商品连续入库界面

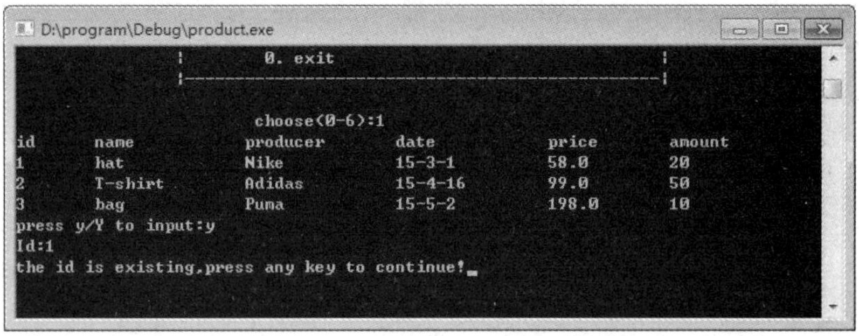

图 1-5　商品重复入库提醒界面

1.4.4　商品出库模块

1. 功能设计

在主菜单的界面中输入"2"，即可进入商品出库模块。首先展示系统中所有商品信息，并提示用户输入要出库的商品编号。一旦商品编号确实是系统中已有的商品编号，则可以对该商品的数量进行修改。用户可以输入要出库的商品数量，如果用户输入的数量比商品的实际库存还要大，则自动将商品库存变成 0。最后显示出库操作后所有商品的信息列表。

2. 实现代码

1）函数声明部分

void OutputProduct（）;　　　　　　　/＊商品出库函数＊/

2）函数实现部分

OutputProduct 函数中首先调用 ShowProduct 函数，如果函数返回值为 -1，表示文件没有正常打开；如果函数返回值为 0，表示文件中没有记录任何商品信息。这两种情况都不能实现对商品的出库操作，因此需要提醒用户。

```c
void OutputProduct ( )                    /* 商品出库函数 */
{
    FILE *fp;
    int iId, i, iMax = 0, iOut = 0;       /* iId 表示商品编号，iOut 表示要出库的商品
数量 */
    char cDecide;                         /* 存储用户输入的是否出库的判断字符 */
    iMax = ShowProduct ( );
    if (iMax < = -1)                      /* 若文件不存在，或者没有记录，不能进行
出库操作 */
    {
        printf ( "please input first!");
        return;
    }
    printf ( "please input the id:");
    scanf ( "%d", &iId);                  /* 输入要出库的商品编号 */
    for (i = 0; i < iMax; i + + )
    {
        if (iId = = astPro [i] . iId)     /* 如果找到该商品 */
        {
            printf ( "find the product, press y/Y to output:");
            getchar ( );
            cDecide = getchar ( );
            if (cDecide = = 'y' || cDecide = = 'Y')   /* 判断是否要进行出库 */
            {
                printf ( "input the amount to output:");
                scanf ( "%d", &iOut);
                astPro [i] . iAmount = astPro [i] . iAmount - iOut;
                if (astPro [i] . iAmount < 0)   /* 要出库的数量比实际库存量小 */
                {
                    printf ( "the amount is less than your input and the amount is 0 now! \ n");
                        astPro [i] . iAmount = 0;/* 出库后的库存量设置为 0 */
                }
                if ( (fp = fopen ( "product. txt", "rb +")) = = NULL)      /* 读写方式
打开一个二进制文件，文件必须存在 */
                {
```

```
        printf ("can not open file \ n");        /* 提示无法打开文件 */
        return;
    }
    fseek (fp, i * PRODUCT_ LEN, 0);        /* 文件指针移动到要出库的商品
    记录位置 */
    if (fwrite (&astPro [i], PRODUCT_ LEN, 1, fp)！ = 1)        /* 写入该
    商品出库后的信息 */
    {
        printf ("can not save file! \ n");
        getch ( );
    }
    fclose (fp);
    printf ("output successfully! \ n");
    ShowProduct ( );                /* 显示出库后的所有商品信息 */
    }
    return;
    }
}
printf ("can not find the product! \ n");        /* 如果没有找到该商品，提示用户 */
}
```

3. 核心界面

编号为 2 的商品一开始数量为 50，输入出库 20 件后，显示出库后编号为 2 的商品数量为 30，如图 1-6 所示。编号为 3 的商品开始库存量为 10，输入的出库数量为 15，大于库存量，则最终库存量为 0，如图 1-7 所示。

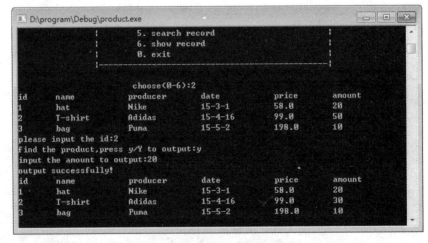

图 1-6　商品出库界面

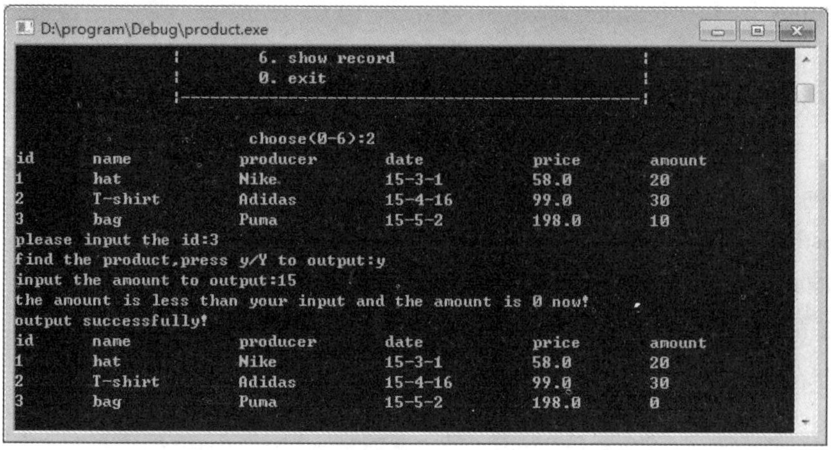

图1-7　商品出库量大于库存量界面

1.4.5　删除商品模块

1. 功能设计

在主菜单的界面中输入"3"，即可进入删除商品模块。同样先显示所有商品信息，若文件不存在或者没有记录，则不能进行删除操作。程序提示用户输入要删除的商品编号，系统会自动将该编号对应的商品条目彻底从文件中删除，最后会显示删除后的商品信息列表。

2. 实现代码

1）函数声明部分

```
void DeleteProduct（ ）；              /＊删除商品函数＊/
```

2）函数实现部分

```
void DeleteProduct（ ）              /＊删除商品函数＊/
｛
    FILE ＊fp；
    int i, j, iMax ＝ 0, iId；
    iMax ＝ ShowProduct（ ）；
    if（iMax ＜ ＝ －1）               /＊若文件不存在，或者没有记录，不能进行
出库操作＊/
    ｛
        printf（"please input first!"）；
        return；
    ｝
    printf（"please input the id to delete："）；
    scanf（"％d", &iId）；
```

```
        for (i = 0; i < iMax; i++)
        {
            if (iId == astPro [i] . iId)        /*检索是否存在要删除的商品*/
            {
            for (j = i; j < iMax; j++)
            astPro [j] = astPro [j + 1];
            iMax --;
            if ( (fp = fopen ("product. txt", "wb")) == NULL)        /*只写方式打开文
件,文件存在则先删除并创建一个新文件*/
            {
            printf ("can not open file \ n");
            return;
            }
            for (j = 0; j < iMax; j++)                /*将新修改的信息写入指定的磁盘文件
中*/
            if (fwrite (&astPro [j], PRODUCT_ LEN, 1, fp) ! = 1)
            {
            printf ("can not save!");
            getch ();
            }
            fclose (fp);
            printf ("delete successfully! \ n");
            ShowProduct ();                        /*显示删除后的所有商品信息*/
            return;
            }
        }
        printf ("can not find the product! \ n");
}
```

3. 核心界面

系统中原有三种商品,选择编号为 3 的商品删除,最后显示剩余两种商品,如图 1-8 所示。若文件不存在,则提示需要先输入数据,如图 1-9 所示。

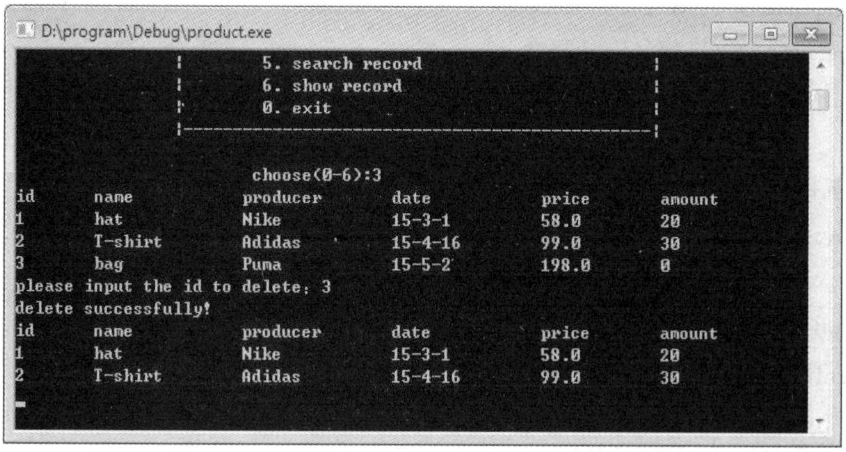

图1－8　删除商品界面

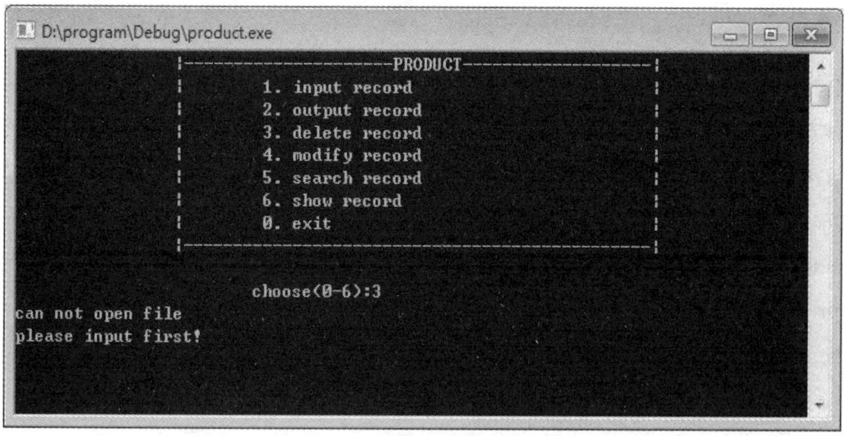

图1－9　文件不存在提示输入界面

1.4.6　修改商品模块

1. 功能设计

在主菜单的界面中输入"4"，即可进入修改商品模块。和商品出库模块的不同之处在于，商品出库仅修改商品库存量，而修改商品模块可以修改商品信息的各个字段的数据。程序提示用户输入要修改的商品编号，如果此编号的商品存在，系统会自动提示用户输入要修改的各项商品信息。最后显示修改后的所有商品信息。

2. 实现代码

1）函数声明部分

```
void ModifyProduct ( );              /＊商品入库函数＊/
```

2）函数实现部分

```
void ModifyProduct ( )              /＊修改商品函数＊/
{
    FILE ＊fp;
```

```
    int i, iMax = 0, iId;
    iMax = ShowProduct ( );
    if (iMax < = -1)        /*若文件不存在，或者没有记录，不能进行出库操作*/
    {
        printf ( "please input first!");
        return;
    }
    printf ( "please input the id to modify:");
    scanf ( "%d", &iId);
    for (i = 0; i < iMax; i + +)
    {
        if (iId = = astPro [i] . iId)        /*检索记录中是否有要修改的商品*/
    {
        printf ( "find the product, you can modify! \ n");
        printf ( "id:");
        scanf ( "%d", &astPro [i] . iId);
        printf ( "Name:");
        scanf ( "%s", &astPro [i] . acName);
        printf ( "Producer:");
        scanf ( "%s", &astPro [i] . acProducer);
        printf ( "Date:");
        scanf ( "%s", &astPro [i] . acDate);
        printf ( "Price:");
        scanf ( "%lf", &astPro [i] . dPrice);
        printf ( "Amount:");
        scanf ( "%d", &astPro [i] . iAmount);
        if ( (fp = fopen ( "product. txt", "rb +")) = = NULL)
        {
            printf ( "can not open \ n");
            return;
        }
        fseek (fp, i * PRODUCT_ LEN, 0);        /*将新修改的信息写入指定的磁盘文
件中*/
        if (fwrite (&astPro [i], PRODUCT_ LEN, 1, fp) ! = 1)
        {
```

```
        printf（"can not save！"）;

        getch（ ）;

    }

    fclose（fp）;

    printf（"modify successful！\n"）;

    ShowProduct（ ）;        /*显示修改后的所有商品信息*/

    return;

    }

}

printf（"can not find information！\n"）;

}
```

3. 核心界面

修改商品信息的界面如图 1－10 所示，修改了编号为 2 的商品的日期和价格信息。

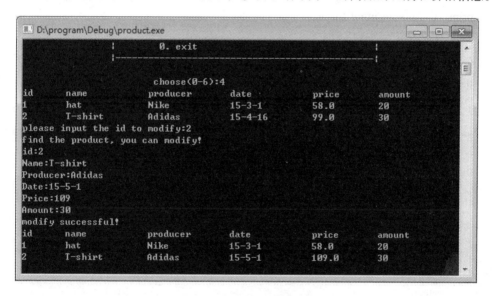

图 1－10　修改商品信息界面

1.4.7　查询商品模块

1. 功能设计

在主菜单的界面中输入"5"，即可进入查询商品模块。查询时根据用户输入的商品编号进行查询，若查询的商品存在，则会提示用户找到该商品；是否查看详细信息显示，用户选择是，则显示商品的各种信息。如果查不到该商品，则提示用户找不到商品信息。

2. 实现代码

1）函数声明部分

void SearchProduct（ ）;   /*查找商品函数*/

2）函数实现部分

该函数借助循环判断用户输入的商品编号是否存在于结构体数组中，如果能找到，则显示该条商品信息。其中，printf 函数中的 FORMAT 和 DATA 均为定义的符号常量。

```c
void SearchProduct ( )                      /* 查找商品函数 */
{
    int iId, i, iMax = 0;
    char cDecide;
    iMax = ShowProduct ( );
    if (iMax <= -1)        /* 若文件不存在，或者没有记录，不能进行出库操作 */
    {
        printf ( "please input first!");
        return;
    }
    printf ( "please input the id:");
    scanf ( "%d", &iId);
    for (i = 0; i < iMax; i + +)
    if (iId = = astPro [i] .iId)      /* 查找输入的编号是否在记录中 */
    {
        printf ( "find the product, press y/Y to show:");
        getchar ( );
        cDecide = getchar ( );
        if (cDecide = = 'y' || cDecide = = 'Y')
        {
            printf ( "id    name    producer    date    price    amount \ n");
            printf (FORMAT, DATA);      /* 将查找出的结果按指定格式输出 */
            return;
        }
    }
    printf ( "can not find the product");      /* 未找到要查找的信息 */
}
```

3. 核心界面

查询编号为 3 的商品时，由于该商品存在，显示查询结果如图 1 - 11 所示。如果输入要查询的商品编号不存在，则提示用户找不到该商品，如图 1 - 12 所示。

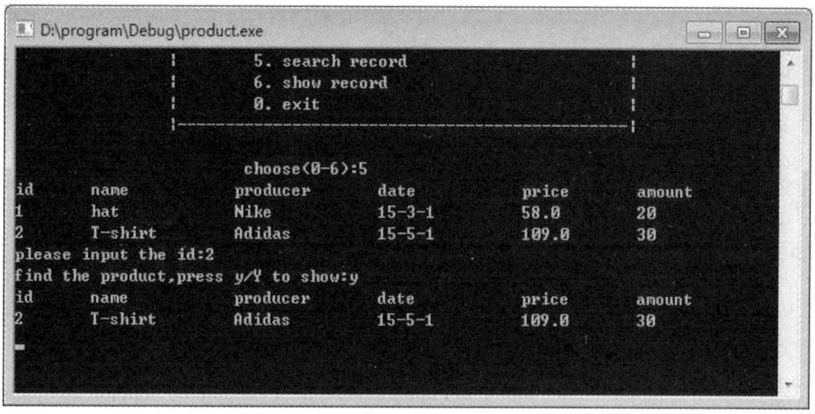

图1-11 查询到商品界面

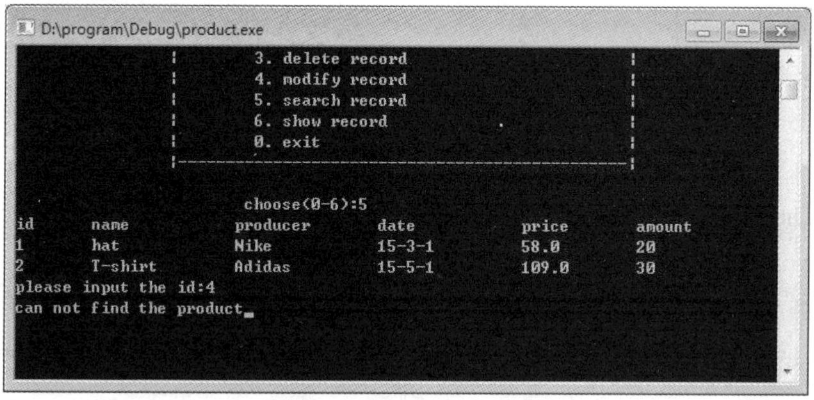

图1-12 未查询商品界面

1.4.8 显示商品模块

1. 功能设计

在主菜单的界面中输入"6",即可显示所有商品信息。通过列表的方式,显示商品的各个属性,以及每一条商品记录。

2. 实现代码

1)函数声明部分

void ShowProduct（ ）；　　　　　　　　　　/＊显示所有商品信息＊/

2)函数实现部分

ShowProduct 函数从文件中读取数据,首先通过只读方式打开二进制文件,如果文件不存在,则打开失败,不会自动生成文件。借助循环逐条从文件中读取数据到结构体数组stPro 中,并记录 iMax 的值。读取操作结束后,及时用 fclose 关闭文件。如果 iMax 值为0,表示文件中没有记录,需要提示用户,否则借助循环逐条将 astPro 中的数据显示在屏幕上。

int ShowProduct（ ）　　　　　　　　　　/＊显示所有商品信息＊/
{
　　int i, iMax ＝0；

```
    FILE  * fp;
    if ( ( fp = fopen ( "product. txt", "rb" ) )  = = NULL)          /* 只读方式打开一个二
进制文件 */
      {
        printf ( "can not open file \ n" );          /* 提示无法打开文件 */
        return - 1;
      }
    while ( ! feof ( fp ) )                          /* 判断文件是否结束 */
    if ( fread ( &astPro [iMax], PRODUCT_ LEN, 1, fp)  = =1)
      iMax + +;                                      /* 统计文件中记录条数 */
    fclose ( fp );                                   /* 读完后及时关闭文件 */
    if ( iMax = = 0 )                                /* 文件中没有记录时提示用户 */
    printf ( "No record in file!  \ n" );
    else                                             /* 文件中有记录时显示所有商品信息 */
      {
        printf ( "id      name      producer      date      price      amount \ n" );
        for ( i = 0; i < iMax; i + + )
          {
            printf ( FORMAT, DATA );                 /* 将信息按指定格式打印 */
          }
      }
    return iMax;
  }
```

3. 核心界面

显示所有商品信息的界面如图 1 - 13 所示，如果文件中没有记录，则提示用户，界面
如图 1 - 14 所示。

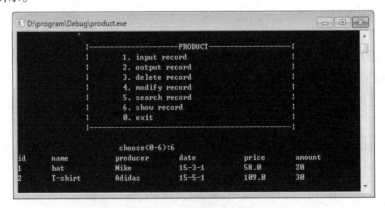

图 1 - 13　显示商品界面

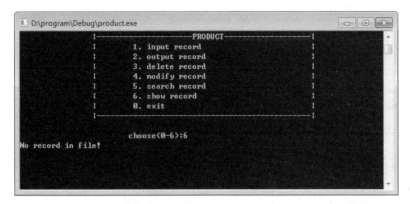

图 1－14　没有商品界面

1.5　系统测试

对各个主要功能模块均进行了详细的功能测试，测试不仅要关注正确的输入值是否可以产生预期的结果，更应该关注错误的输入值是否可以获得有效的提示信息，从而保证程序的健壮性。其中商品出入库模块测试用例如表 1－1 所示，主要关注错误输入值的测试情况。

表 1－1　商品出入库测试用例表

3	商品入库模块	1. 主菜单选择 1 2. 首次进入系统	无	提示"No record in file!"以及"press y/Y to input."	通过
4		1. 主菜单选择 1 2. 文件中有 id 为 1 的记录	1. 输入字符 y 2. 输入 id 为 1	提示"the id is existing press any key to continue!"再按可退出主菜单	通过
5	商品出库模块	1. 主菜单选择 2 2. 首次进入系统	无	提示"please input first!"	通过
6		1. 主菜单选择 1 2. 文件中有 id 为 1 的商品库存为 20	1. 输入字符 id 为 1 2. 输入出库量为 30	提示"the amount is less than your input and the amount is 0 now!"	通过

1.6　设计总结

本章开发的商品库存管理系统能够实现常规信息管理系统中必要的增、删、改、查等操作功能，并通过对商品库存管理系统的开发，介绍了开发一个 C 语言信息管理系统的流程和技术，比如如何显示主功能菜单和响应用户输入、如何保存商品信息到文件、如何将文件中的数据输入内存中、如何使用结构体数组保存不同的商品信息等。

该系统的设计与开发对读者开发其他信息管理系统具有很好的借鉴价值。读者还可以在本系统的基础上实现更多的功能，如对商品库存信息的排序以及统计等。

第 2 章　俄罗斯方块

2.1　设计目的

俄罗斯方块（Terris，俄文：Тетрис）是一款电视游戏机和掌上游戏机游戏。俄罗斯方块的基本规则是移动、旋转和摆放游戏自动输出的各种方块，使之排列成完整的一行或多行并且消除得分。本章运用 OpenGL 编写出画面效果尚佳的俄罗斯方块，使玩家可以拥有更好的游戏效果。

通过本章的学习，读者能够掌握：

（1）如何用 OpenGL 编写画图程序；

（2）如何用数组储存信息；

（3）如何实现菜单的显示、选择和响应等功能；

（4）如何实现图形的移动、变换等功能。

2.2　需求分析

俄罗斯方块游戏能够实现对方块的控制、速度等级的更新、游戏帮助的显示等功能，具体功能需求描述如下：

（1）游戏方块控制。通过各种条件的判断，实现对游戏方块的左移、右移、快速下落、自由下落、旋转功能，以及行满消除的功能。

（2）游戏显示更新。当游戏方块左右移动、下落、旋转时，要先清除先前的游戏方块，用新坐标重绘游戏方块。当消除满行时，要重绘游戏底板的当前状态。

（3）游戏速度等级更新。当游戏玩家进行游戏的过程中，需要按照一定的游戏规则给游戏玩家计算游戏分数。比如，消除一行加 100 分。当游戏分数达到一定数量之后，需要给游戏者进行等级提升，每上升一个等级，游戏方块的下落速度会加快，游戏难度将增加，消去一行的得分也将增加。

（4）游戏帮助。游戏玩家进入游戏后，将有对本游戏如何操作的友好提示。

2.3　总体设计

俄罗斯方块的系统功能图如图 2－1 所示，主要包括 5 个模块，分别介绍如下：

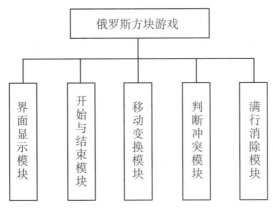

图 2-1   系统功能结构图

（1）界面显示模块：创建游戏主窗口并将游戏帮助显示在游戏界面上。

（2）开始与结束模块：在游戏开始前创建一个欢迎进入游戏的提示窗口，玩家可选择进入游戏或退出游戏。在游戏结束后创建游戏结束窗口，其中包括玩家等级和最终得分。

（3）移动变换模块：通过对按键的判断，实现方块的移动、变换等功能。其中按 W 键可实现变形，按 A 键可实现左移，按 D 键可实现右移，按 S 键可实现下移，按 ESC 键使游戏退出。

（4）判断冲突模块：该模块可判断移动是否合法，防止出现方块重叠、越界的情况。

（5）满行消除模块：该模块是几个功能的集合，包括对满行方块的消除、对分数的更新以及对下落速度、等级的变化处理。

2.4   详细设计与实现

2.4.1   预处理及数据结构

1. 头文件

本系统包括的头文件如下：

```
#include < GL/glut. h >        /* 使用 OpenGL 画图时要用到的头文件 */
#include < time. h >           /* 时间和日期头文件，随机生成方块时用到 */
#include < windows. h >        /* 几个常用基本的头文件 */
#include < stdlib. h >         /* 标准函数库 */
#include < stdio. h >          /* 标准输入输出函数库 */
#include < conio. h >          /* 控制台输入输出函数库 */
```

2. 宏定义

为了使程序更加简洁清晰，本系统定义了一些符号常量来表示一些特定的数值，比如使用 SIZE（20）来表示游戏区域的大小，定义 MAX_ CHAR（128）来表示输出文字的显示列表数量。在实现键盘操控时，不同的按键具有不同的键值，也分别进行了定义。

```
#define LEFT    'a'         /* 操控按键定义 */
```

```
#define RIGHT    'd'
#define UP      'w'
#define DOWN     's'
#define START   0
#define SIZE20                    /* 图形范围定义 */
#define ESC    27                 /* 键值定义 */
#define ENTER   13
#define MAX_ CHAR        128  /* 输出文字显示列表数量 */
```

3. 定义结构体

这里定义一个结构体来定义各个点的坐标。

```
struct Point
{
    int x;                  /* 横坐标 */
    int y;                  /* 纵坐标 */
};
```

4. 定义数组

这里定义了两个三维数组，分别存储刚刚下落时方块的坐标和右上角处预览方块的坐标，每个数组中有 7 个二维数组，即 7 种形状的方块刚开始产生时出现的位置，记录坐标的顺序为从左至右、从上至下。

```
GLfloat afShape [] [4] [2] =
{
    {{ -0.2f, 0.9f }, { -0.2f, 0.8f }, { -0.2f, 0.7f }, { -0.2f, 0.6f }},
    /* 1. 记录初始下落时长条形四个坐标 */
    {{ -0.3f, 0.9f }, { -0.2f, 0.9f }, { -0.3f, 0.8f }, { -0.2f, 0.8f }},
    /* 2. 记录初始下落时正方形四个坐标 */
    {{ -0.3f, 0.9f }, { -0.4f, 0.8f }, { -0.3f, 0.8f }, { -0.2f, 0.8f }},
    /* 3. 记录初始下落时 T 字形四个坐标 */
    {{ -0.3f, 0.9f }, { -0.2f, 0.9f }, { -0.2f, 0.8f }, { -0.1f, 0.8f }},
    /* 4. 记录初始下落时 Z 字形四个坐标 */
    {{ -0.3f, 0.9f }, { -0.2f, 0.9f }, { -0.4f, 0.8f }, { -0.3f, 0.8f }},
    /* 5. 记录初始下落时倒 Z 字形四个坐标 */
    {{ -0.3f, 0.9f }, { -0.3f, 0.8f }, { -0.3f, 0.7f }, { -0.2f, 0.7f }},
    /* 6. 记录初始下落时 L 字形四个坐标 */
    {{ -0.2f, 0.9f }, { -0.2f, 0.8f }, { -0.3f, 0.7f }, { -0.2f, 0.7f }},
    /* 7. 记录初始下落时倒 L 字形四个坐标 */
};
```

```
GLfloat afShapeNext [ ] [4] [2]  =
{
    { { 0. 7f, 0. 7f }, { 0. 7f, 0. 6f }, { 0. 7f, 0. 5f }, { 0. 7f, 0. 4f } },
    /*1. 记录预览下一长条形四个坐标*/
    { { 0. 6f, 0. 7f }, { 0. 7f, 0. 7f }, { 0. 6f, 0. 6f }, { 0. 7f, 0. 6f } },
    /*2. 记录预览下一正方形四个坐标*/
    { { 0. 7f, 0. 7f }, { 0. 6f, 0. 6f }, { 0. 7f, 0. 6f }, { 0. 8f, 0. 6f } },
    /*3. 记录预览下一 T 字形四个坐标*/
    { { 0. 6f, 0. 7f }, { 0. 7f, 0. 7f }, { 0. 7f, 0. 6f }, { 0. 8f, 0. 6f } },
    /*4. 记录预览下一 Z 字形四个坐标*/
    { { 0. 7f, 0. 7f }, { 0. 8f, 0. 7f }, { 0. 6f, 0. 6f }, { 0. 7f, 0. 6f } },
    /*5. 记录预览下一倒 Z 字形四个坐标*/
    { { 0. 6f, 0. 7f }, { 0. 6f, 0. 6f }, { 0. 6f, 0. 5f }, { 0. 7f, 0. 5f } },
    /*6. 记录预览下一 L 字形四个坐标*/
    { { 0. 7f, 0. 7f }, { 0. 7f, 0. 6f }, { 0. 6f, 0. 5f }, { 0. 7f, 0. 5f } },
    /*7. 记录预览下一倒 L 字形四个坐标*/
};
```

5. 全局变量

这里定义的 iOver 是用来判断方块是否到达了不能再往下降的地方，到了则置其为 1，否则就修改为 0。其中有这样几种情况需要修改 iOver：

（1）重新生成了一个方块，修改 iOver = 0。

（2）方块到大底部，修改 iOver = 1。

```
GLint aiBlock [SIZE] [SIZE] = { 0 };        /*记录游戏区域方块状态*/
GLfloat afCurLoc [4] [2] = { 0 };            /*记录当前正在下落的方块的四个坐
标*/
GLfloat afNextLoc [4] [2] = { 0 };          /*记录接下来下落的方块的四个坐标*/
GLint iCurrentBlock  = 1;                    /*记录当前正在下落的是第 1 种图形,
顺序如上面所示*/
GLint iNextBlock  = 1;                       /*记录接下来下落的是第 1 种图形, 顺
序如上面所示*/
GLint aiTurn [7] = { 0 };                    /*应该变换的形态*/
GLfloat xd  = 0. 0f, yd  = 0. 0f;
GLuint uiTextFont;                           /*定义文字输出函数时需用到*/
int iLevel = 0;
int iOver  = 0;
int iEndGame  = 0;                           /*记录游戏是否结束*/
```

```
int iScore = 0;
int iLefRig = 0;
int iTimeS = 1000;
int iStart = -1;              /*0 表示退出游戏, 1 表示开始游戏 */
char cButton;                 /* 键盘敲下的键值 */
struct Point stPoint;
```

2.4.2 主函数

1. 功能设计

首先初始化 OpenGL 描画库资源, 然后进入的是游戏欢迎界面, 由玩家选择是否进入游戏, 或者直接退出。具体流程如图 2 - 2 所示。

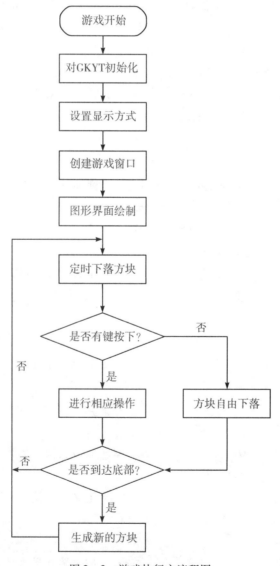

图 2 - 2　游戏执行主流程图

2. 实现代码

```
int main (int argc, char * argv [])
{
    glutInit (&argc, argv);                      /* 对 GLUT 初始化 */
    glutInitDisplayMode (GLUT_ RGB | GLUT_ DOUBLE);   /* 确定显示方式 */
    glutInitWindowPosition (400, 0);             /* 设置窗口在屏幕中的位置 */
    glutInitWindowSize (750, 720);               /* 设置窗口的大小 */
    WelcomeScreen ( );
    if (iStart)
    {
        InitBlock ( );                           /* 图形界面绘制 */
        glutCreateWindow ("俄罗斯方块");          /* 创建窗口。参数作为窗口的标题 */
        InitString ( );                          /* 自定义显示游戏帮助的函数 */
        glutDisplayFunc (&CreateBlocks);         /* 当需要进行画图时, 调用该函数 */
        glutTimerFunc (iTimeS, Down, 1);         /* 定时下落方块 */
        glutKeyboardFunc (Key);
        glClearColor (0. 0f, 0. 0f, 0. 0f, 0. 0f); /* 用黑色清除屏幕 */
        glutMainLoop ( );                        /* 进行一个消息循环 */
    }
    return 0;
}
```

2.4.3　界面显示模块

1. 功能设计

实现对游戏窗口的创建、方块下落的循环操作; 还可实现字符的显示, 将游戏帮助显示在屏幕上。

2. 实现代码

1) 函数声明部分

```
void InitBlock (void);                /* 对图形界面初始化 */
void InitString (void);               /* 字符串的初始化 */
void PrintString (char * s);          /* 字符串打印函数 */
void MenuDisplay (void);              /* 显示帮助菜单 */
void BlockDisplay (void);             /* 画图函数, 用 aiBlock 数组绘图 */
```

2) 函数实现部分

(1) InitBlock 函数

该函数实现了对图形界面的初始化。把游戏中的方块矩阵初始化, 方块是一个上端开口的长方形。

```
void InitBlock ( )
```

```
{
    int i, j;
    for (i = 0; i < SIZE - 5; i + +)
        for (j = 0; j < SIZE; j + +)
            aiBlock [i] [j] = 0;
    for (i = 0; i < SIZE - 5; i + +)
        aiBlock [0] [i] = 1;
    for (i = 0; i < SIZE; i + +)
    {
        aiBlock [i] [0] = 1;
        aiBlock [i] [SIZE - 6] = 1;
    }
    for (i = 0; i < 4; i + +)
        for (j = 0; j < 2; j + +)
            afCurLoc [i] [j] = afShape [iCurrentBlock] [i] [j];
}
```

(2) InitString 函数

该函数初始化字符绘制显示列表。

```
void InitString (void)
{
    glClearColor (0.0, 0.0, 0.0, 0.0);
    glMatrixMode (GL_ PROJECTION);
    glLoadIdentity ( );
    glOrtho ( - 1.0, 1.0, - 1.0, 1.0, - 1.0, 1.0);        / * 申请 MAX_ CHAR 个连续
的显示列表编号 * /
    uiTextFont = glGenLists (MAX_ CHAR);        / * 把每个字符的绘制命令都装到对
应的显示列表中 * /
    wglUseFontBitmaps (wglGetCurrentDC ( ), 0, MAX_ CHAR, uiTextFont);
}
```

(3) PrintString 函数

```
void PrintString (char * s)
{
    if (s = = NULL) return;
    glPushAttrib (GL_ LIST_ BIT);        / * 调用每个字符对应的显示列表, 绘制每个
字符 * /
    for (; * s ! = '\0'; + +s)
        glCallList (uiTextFont + * s);
```

```
    glPopAttrib ( );
}
```

（4）MenuDisplay 函数

```
void MenuDisplay (void)
{
    int i, j;
    glClear (GL_ COLOR_ BUFFER_ BIT);
    /*显示 Level 信息*/
    glColor3f (1.0, 1.0, 1.0);
    glRasterPos3f (0.6, 0.1, 0.0); /*设置显示位置*/
    PrintString ("Level:");
    glRasterPos3f (0.6, 0.0, 0.0);
    switch (iLevel)
    {
    case 0:
        PrintString ("0");
        break;
    case 1:
        PrintString ("1");
        break;
    case 2:
        PrintString ("2");
        break;
    case 3:
        PrintString ("3");
        break;
    case 4:
        PrintString ("4");
        break;
    default:
        PrintString ("5");
    }
    /*显示 Help 信息*/
    glRasterPos3f (0.6, -0.25, 0.0);
    PrintString ("Help:");
    glRasterPos3f (0.6, -0.4, 0.0);
    PrintString ("W - - - -Roll");
```

```
glRasterPos3f (0.6, -0.5, 0.0);
PrintString ("S - - - - Downwards");
glRasterPos3f (0.6, -0.6, 0.0);
PrintString ("A - - - - Turn Left");
glRasterPos3f (0.6, -0.7, 0.0);
PrintString ("D - - - - Turn Right");
glRasterPos3f (0.6, -0.8, 0.0);
PrintString ("ESC - - - - EXIT");
/* 显示预览方块信息 */
glRasterPos3f (0.6, 0.9, 0.0);
PrintString ("NextBlock:");
/* 重置预览下一方块的四个坐标 */
for (i = 0; i < 4; i + +)
{
    for (j = 0; j < 2; j + +)
    {
        afNextLoc [i] [j] = afShapeNext [iNextBlock] [i] [j];
    }
}
/* 将预览方块涂色 */
for (i = 0; i < 4; i + +)
{
    glColor3f (1.0, 1.0, 0.0);
    glRectf (afNextLoc [i] [0], afNextLoc [i] [1], afNextLoc [i] [0] + 0.1f,
    afNextLoc [i] [1] + 0.1f);
    glLineWidth (2.0f);
    glBegin (GL_ LINE_ LOOP);
    glColor3f (0.0f, 0.0f, 0.0f);
    glVertex2f (afNextLoc [i] [0], afNextLoc [i] [1]);
    glVertex2f (afNextLoc [i] [0] + 0.1f, afNextLoc [i] [1]);
    glVertex2f (afNextLoc [i] [0] + 0.1f, afNextLoc [i] [1] + 0.1f);
    glVertex2f (afNextLoc [i] [0], afNextLoc [i] [1] + 0.1f);
    glEnd ( );
    glFlush ( );
}
}
```

(5) BlockDisplay 函数

```
void BlockDisplay ( )        / *画图函数，用 aiBlock 数组绘图 * /
{
    int i, j;
    static int s = 0;
    glClear (GL_ COLOR_ BUFFER_ BIT);
    MenuDisplay ( );
    for (i = 0; i < 20; i + + )    / *将游戏区域边框涂成灰色 * /
    {
        for (j = 0; j < 15; j + + )
        {
            if (aiBlock [i] [j] = = 1)
            {
                glColor3f (0. 7f, 0. 7f, 0. 7f);
                glRectf (j / 10. 0f - 1. 0f, i / 10. 0f - 1. 0f, j / 10. 0f - 1. 0f + 0. 1f, i /
                10. 0f - 1. 0f + 0. 1f);
                glLineWidth (2. 0f);
                glBegin (GL_ LINE_ LOOP);
                glColor3f (0. 0f, 0. 0f, 0. 0f);
                glVertex2f (j / 10. 0f - 1. 0f, i / 10. 0f - 1. 0f);
                glVertex2f (j / 10. 0f - 1. 0f + 0. 1f, i / 10. 0f - 1. 0f);
                glVertex2f (j / 10. 0f - 1. 0f + 0. 1f, i / 10. 0f - 1. 0f + 0. 1f);
                glVertex2f (j / 10. 0f - 1. 0f, i / 10. 0f - 1. 0f + 0. 1f);
                glEnd ( );
                glFlush ( );
            }
        s + + ;
        }
    }
    for (i = 1; i < 20; i + + ) / *将已落到底部的方块涂成白色 * /
    {
        for (j = 1; j < 14; j + + )
        {
            if (aiBlock [i] [j] = = 1)
            {
                glColor3f (1. 0f, 1. 0f, 1. 0f);
                glRectf (j / 10. 0f - 1. 0f, i / 10. 0f - 1. 0f, j / 10. 0f - 1. 0f + 0. 1f, i /
                10. 0f - 1. 0f + 0. 1f);
```

```
            glLineWidth (2.0f);
            glBegin (GL_ LINE_ LOOP);
            glColor3f (0.0f, 0.0f, 0.0f);
            glVertex2f (j / 10.0f - 1.0f, i / 10.0f - 1.0f);
            glVertex2f (j / 10.0f - 1.0f + 0.1f, i / 10.0f - 1.0f);
            glVertex2f (j / 10.0f - 1.0f + 0.1f, i / 10.0f - 1.0f + 0.1f);
            glVertex2f (j / 10.0f - 1.0f, i / 10.0f - 1.0f + 0.1f);
            glEnd ( );
            glFlush ( );
            }
            s + +;
        }
    }
    if (iOver = = 0)
    {
        for (i = 0; i < 4; i + +)
        {
            /*使方块在下落中可在三种颜色中变化*/
            if (s % 3 = = 0)
            glColor3f (1.0, 0.0, 0.0);
            else if (s % 3 = = 1)
            glColor3f (0.0, 1.0, 0.0);
            else if (s % 3 = = 2)
                glColor3f (0.0, 0.0, 1.0);
            glRectf (afCurLoc [i] [0], afCurLoc [i] [1], afCurLoc [i] [0] + 0.1f, af-
            CurLoc [i] [1] + 0.1f);
                glLineWidth (2.0f);
            glBegin (GL_ LINE_ LOOP);
            glColor3f (0.0f, 0.0f, 0.0f);
            glVertex2f (afCurLoc [i] [0], afCurLoc [i] [1]);
            glVertex2f (afCurLoc [i] [0] + 0.1f, afCurLoc [i] [1]);
            glVertex2f (afCurLoc [i] [0] + 0.1f, afCurLoc [i] [1] + 0.1f);
            glVertex2f (afCurLoc [i] [0], afCurLoc [i] [1] + 0.1f);
            glEnd ( );
            glFlush ( );
            }
        }
```

```
    s + + ;
    glutSwapBuffers （ ）；
}
```

3. 核心界面

游戏的主界面如图 2 - 3 所示，其中包括主游戏界面和右侧的帮助信息和下一个方块的预览。

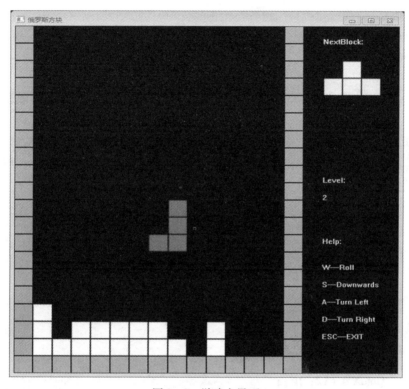

图 2 - 3　游戏主界面

2.4.4　开始与结束界面模块

1. 功能设计

在游戏开始前，创建一个游戏欢迎窗口，用户可通过自主移动光标选择是否开始。在游戏结束时创建一个游戏结束窗口，在该结束界面显示分数、等级信息。

2. 实现代码

1）函数声明部分

```
void GotoXY （ int x，int y）；      ／＊移动坐标函数，将光标移至（x，y）处＊／
void Choose （ void）；            ／＊选择界面操作＊／
void WelcomeScreen （ void）；      ／＊创建开始界面＊／
void EndScreen （ void）；          ／＊创建结束界面＊／
```

2）函数实现部分

（1）GoToXY 函数

```
void GotoXY (int x, int y)
{
    COORD c;
    c. X = 2 * x;
    c. Y = y;
    SetConsoleCursorPosition (GetStdHandle (STD_ OUTPUT_ HANDLE), c);
}
```

（2）Choose 函数

```
void Choose ( )                    /*选择键面操作*/
{
    while (iStart！= 0 && iStart！= 1)        /*若是按下退出或开始游戏就退出循环*/
    {
        cButton = getch ( );
        if (cButton = = 72 ｜｜ cButton = = 80)        /*若是 Up 和 Down 就进行光标移
        动操作*/
        {
            if (stPoint. y = = 13)
            {
                stPoint. y = 16;
                GotoXY (10, 13);
                printf ( "      ");
                GotoXY (10, 16);
                printf ( "—— >");
                GotoXY (12, 16);
            }
            else if (stPoint. y = = 16)
            {
                stPoint. y = 13;
                GotoXY (10, 16);
                printf ( "      ");
                GotoXY (10, 13);
                printf ( "—— >");
                GotoXY (12, 13);
            }
        }
        /*按下 Esc 键或 Enter 退出游戏*/
        if ( (cButton = = ENTER && stPoint. y = = 16) ｜｜ cButton = = ESC)
```

```
            {
                iStart = 0;
                break;
            }
            / * 开始游戏 * /
            if (cButton = = ENTER && stPoint. y = = 13)
            {
                iStart = 1;
                break;
            }
        }
    }
```

（3）WelcomeScreen 函数

```
void WelcomeScreen ( )
{
    system ("color 0F");
    GotoXY (14, 1);
    printf ("Welcome to play Tetris");
    GotoXY (17, 7);
    printf ("MAIN MENU");
    GotoXY (15, 13);
    printf (" * * * START GAME * * *");
    GotoXY (15, 16);
    printf (" * * * QUIT   GAME * * *");
    GotoXY (10, 13);
    printf ("—— >");
    stPoint. x = 15;
    stPoint. y = 13;
    GotoXY (12, 13);
    Choose ( );
}
```

（4）EndScreen 函数

```
void EndScreen ( )
{
    system ("cls");    / * 清屏函数 * /
    system ("color 0F");
    GotoXY (16, 3);
```

```
printf ("GAME OVER!!! \n");
GotoXY (15, 10);
printf ("YOU SCORE IS: %d \n", iScore * 100);
GotoXY (15, 12);
printf ("YOU LEVEL IS: %d \n", iLevel);
}
```

3. 核心界面

(1) 游戏欢迎界面

进入游戏后,玩家将看到的是游戏开始界面,可选择是否进入游戏或者直接退出游戏,如图 2-4 所示。

图 2-4 开始界面

(2) 游戏结束界面

当游戏结束时,将显示玩家的得分和等级信息,如图 2-5 所示。

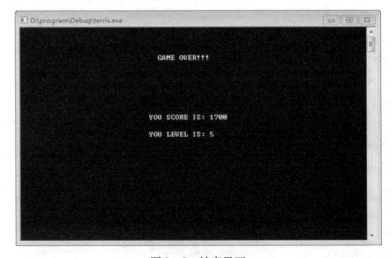

图 2-5 结束界面

2.4.5　移动变换模块

1. 功能设计

通过按键来实现方块的移动和旋转变形。按 W 键可实现变形，按 A 键可实现左移，按 D 键可实现右移，按 S 键可实现下移。当某一（些）行达到满行时，将该（这些）行的方块全部消除，并将上方非满方块的行下移。

2. 实现代码

1）函数声明部分

void Change（void）；/＊将图形做变换，采用顺时针旋转的规律＊/

void Key（unsigned char k，int x，int y）；/＊在游戏中对按键进行响应＊/

void Down（int id）　　　/＊让方块定时下降＊/

void CreateBlocks（void）；　　/＊随机生成方块＊/

2）函数实现部分

（1）Change 函数

该函数实现了将图形做变换，采用顺时针旋转的规律。因篇幅关系，代码略。

（2）Key 函数

该函数实现了游戏中按键响应的功能。

```
void Key（unsigned char k，int x，int y）
{
    int i，ret；
    if（iOver = = 0）
    {
        switch（k）
        {
            case UP：/＊若按'w'，方块变换＊/
                Change（）；
                break；
            case DOWN：/＊若按's'，方块下移＊/
                for（i = 0；i < 4；i + +）
                {
                    afCurLoc［i］［1］ - = 0.1f；
                }
                ret = CheckConflict（1）；
                if（ret = = 1）/＊发生冲突，则将修改复原＊/
                {
                    for（i = 0；i < 4；i + +）
                    afCurLoc［i］［1］ + = 0.1f；
                    iOver = 1；/＊并且可以生成下一个方块了＊/
```

```
                    }
                break;
            case RIGHT：/＊若按‘d’，方块右移＊/
                for (i = 0; i < 4; i + +)
                    {
                        afCurLoc [i] [0] + = 0.1f;
                    }
                ret = CheckConflict (1);
                if (ret = = 1) /＊发生冲突，则将修改复原＊/
                    {
                        for (i = 0; i <4; i + +)
                            afCurLoc [i] [0] - = 0.1f;
                    }
                break;
            case LEFT：/＊若按‘a’，方块左移＊/
            for (i = 0; i < 4; i + +)
            {
                afCurLoc [i] [0] - = 0.1f;
            }
            ret = CheckConflict (1);
            if (ret = = 1) /＊发生冲突，则将修改复原＊/
            {
                for (i = 0; i <4; i + +)
                afCurLoc [i] [0] + = 0.1f;
            }
            break;
            case ESC：/＊若按 Esc，游戏退出＊/
            exit (1);
            break;
            }
        }
    if (iOver = = 1)
        CheckDelete ( );
    /＊调用这个函数可以重新绘图，每次相应消息之后，所有全部重绘＊/
    glutPostRedisplay ( );
    }
```

（3）Down 函数

```c
void Down (int id)          /* 让方块定时下降 */
{
    int i, ret;
    if (iOver = = 0)
    {
        /* 将每个方块纵坐标下移0.1个单位长度 */
        for (i = 0; i < 4; i + +)
        {
            afCurLoc [i] [1]  - = 0.1f;
        }
        ret = CheckConflict (iLefRig);
        if (ret = = 1) /* 发生冲突, 则将修改复原 */
        {
            for (i = 0; i < 4; i + +)
            afCurLoc [i] [1]  + = 0.1f;
            /* 若方块生成初始位置超出屏幕, 则游戏结束 */
            if (afCurLoc [0] [1]  > = afShape [iCurrentBlock] [0] [1])
            {
            iEndGame = 1;
            EndScreen ( );
            return;
            }
            iOver = 1; /* 并且可以生成下一个方块了 */
        }
    /* 根据下落速度提升等级 */
    if (iTimeS > = 1000) iLevel = 0;
    else if (iTimeS > = 900) iLevel = 1;
    else if (iTimeS > = 700) iLevel = 2;
    else if (iTimeS > = 500) iLevel = 3;
    else if (iTimeS > = 300) iLevel = 4;
    else iLevel = 5;
    }
    if (iOver = = 1)
    CheckDelete ( );
    glutPostRedisplay ( );
    glutTimerFunc (iTimeS, Down, 1);
}
```

（4）CreateBlocks 函数

该函数实现了随机生成方块功能。原理是生成一个 7 以内的随机数，对应的二维数组即为下一个产生的方块。代码略。

2.4.6 判断冲突模块

1. 功能设计

检查方块移动或变形后是否超出游戏边界。如果移动或变形后超出边界，则本次变形操作无效，保持原来的形状和位置。

2. 实现代码

1）函数声明部分

int CheckConflict（int iLefRig）;

2）函数实现部分

checkConflict 函数为检查冲突函数，实现了方块移动或变形后是否超出边界的检查功能。

```
int CheckConflict（int iLefRig）
{
    int i, tmpx;
    for（i = 0; i < 4; i + +）
    {
        double x =（afCurLoc [i] [0] + 1）* 10;
        double y =（afCurLoc [i] [1] + 1）* 10 + 0.5;
        x = x > 0 ?（x + 0.5）:（x － 0.5）;
        if（iLefRig = = 1）
        {
            tmpx =（int）x;
            if（tmpx > 13 | | tmpx < 1）break;
        }
        if（aiBlock [（int）y] [（int）x] = = 1）/* 判断是否发生冲突 */
        {
            break;
        }
    }
    if（i < 4）
        return 1;
    return 0;
}
```

2.4.7 满行消除模块

1. 功能设计

当方块下落到底部时，会检查是否出现了满行。若方块满行，则消除该行方块，得分增加。

2. 实现代码

1）函数声明部分

void CheckDelete（void）； /＊检查是否有一行方块全满＊/

void Delete（int ＊empty）； /＊消除整行方块＊/

2）函数实现部分

（1）CheckDelete 函数

该函数检查是否有一行方块出现满行。当有方块落到了底部时，需要触发该函数进行满行判断，详细的判断方法如下：

①判断新生成的图形是否和原来的图形有冲突，有则不能更改。

②判断是否有满格的行，有则调用 Delete 函数去掉。

③这里还要加上判断是否到达底部，如果到达底部则游戏结束（可采用监视方框最上面一行之上的一行里面有没有方格的方法，如果有则结束游戏），结束之后就可以把当前方块存入 BLOCK 中，empty 表示一行中方块的数目，1 表示为空行，－1 表示部分为空，0 表示满行。

```
void CheckDelete（ ）
{
    int i, j;
    int empty［SIZE］;
    int is_ needed = 0;
    int count;
    for（i = 1; i < SIZE; i + +）
        empty［i］ = － 1;    /＊初始均为空行，置为 － 1＊/
    for（i = 0; i < 4; i + +）
    {
        /＊将坐标（x，y）转化为边框中对应的小格数＊/
        double x = （afCurLoc［i］［0］ + 1）＊ 10 + 0.5;
        double y = （afCurLoc［i］［1］ + 1）＊ 10 + 0.5;
        aiBlock［（int）y］［（int）x］ = 1;
    }
    for（i = 1; i < SIZE; i + +）
    {
        count = 0;
        for（j = 1; j < 14; j + +）
        if（aiBlock［i］［j］ = = 1）
            count + +;
```

```
      if (count = = 13)
      {
          empty [i] = 1;  /＊满行，置为 1＊/
          iScore + + ;      /＊此处计分＊/
          iTimeS － = 50;  /＊下落速度加快＊/
          is_ needed = 1;  /＊满行，需要消除，置为 1＊/
      }
      else if (count > 0 && count < 13)
      {
          empty [i] = 0;  /＊非满行，也非空行，称作"部分空"，置为 0＊/
      }
   }
   if (is_ needed = = 1)  /＊如果有满行则删除＊/
   Delete (empty);
}
```

（2）Delete 函数

该函数实现了消除整行方块的功能，用于消除满格的一行，在每次 iOver 被修改为 true 的时候都要检查一遍。算法思想是从第 0 行开始依次判断，如果 empty 为 true 则将上面的向下移，并不是判断一次就移动所有的，而是只移动最近的，将空出来的那一行的 empty 标记为 -1。

```
   void Delete (int ＊empty)
   {
   int i, j;
   int pos;
   while (1)  /＊将上面满行移动到非空行之下＊/
   {
      i = 1;
      /＊若第 i 行的状态为"部分空"，则 i + + ；否则状态为满行，需要将上面的行
      移下来填充＊/
      while (i < SIZE && empty [i] = = 0)
         i + + ;
      if (i > = SIZE) break;
      j = i + 1;    /＊i 行为满行＊/
      while (j < SIZE && empty [j] = = -1)
         j + + ;
      if (j > = SIZE) break;
      else if (empty [j] ！ = -1)
```

```
    {
        for ( pos = 1; pos < 15; pos + + )
        aiBlock [i] [pos] = aiBlock [j] [pos];
        empty [i] = empty [j];        /*将第 j 行与第 i 行的状态交换*/
        empty [j] = -1;        /*j 行变为空行*/
    }
}
/*将空行和满行中的所有方块都设置为 0*/
for (i = 1; i < SIZE; i + + )
{
    if (empty [i] ! = 0) /* -1 为空行, 1 为满行*/
    {
        for (j = 1; j < 14; j + + )
        aiBlock [i] [j] = 0;
    }
}
}
```

2.5　系统测试

对各个主要功能模块均要进行详细的功能测试。测试不仅要关注正常情况下按键是否可以产生预期的结果，更应关注在边界时按键操作是否可以获得正确反映，从而保证程序的健壮性。以选择操作模块为例，测试用例如下：

序号	测试项	前提条件	操作步骤	预期结果	测试结果
1	选择 操作	位于开始界面	选择 START GAME	进入游戏	通过
2		位于开始界面	选择 QUIT GAME	退出游戏	通过

2.6　设计总结

本章介绍了俄罗斯方块的编写思路及其实现。本程序运用 OpenGL 编写。读者学习完本章后可以学到如下内容：如何用 C 语言编写画图程序，实现图形的移动变换，如何利用 OpenGL 的强大功能编写图形程序。

用 OpenGL 编写代码一个很大的问题是字符串的显示，在该程序中用了自定义的字符串显示函数 printString ( ) 供读者借鉴。

第 3 章 万年历

3.1 设计目的

万年历是模仿生活中挂历,以电子的形式实现日历的基本功能,可以输出公元元年(即公元 1 年) 1 月 1 日以后任意月份的月历,以及查询指定日期、查看全年日历等。其核心是如何根据所给的日期计算出对应星期,如何按合适的方式打印日历,如何获取系统时间,如何进行光标定位。

3.2 需求分析

本项目主要有以下功能需求:

获取当前时间。获取系统时间作为默认值,显示系统日期所在月份的月历。

日期有效性检查。对日期进行检查,若发现日期无意义或者不符合实际,将拒绝该功能执行,并显示错误提示。

日期查询。输入指定日期,查询后显示日期所在月份的月历,并突出显示日期。

日期调整。通过键盘输入来选取对应功能,可以增减年份、月份和日期,并能将所选日期重置为系统时间。

显示全年日历。键入对应功能键后输出当前所在年份的全年日历,并显示该年是闰年还是平年。

3.3 总体设计

项目由 5 个模块组成,如图 3 - 1 所示。

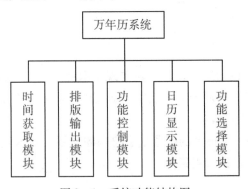

图 3 - 1 系统功能结构图

时间获取模块。用于获取系统当前时间,在主函数中实现,用一个时间结构体得到并存储具体时间。

排版输出模块。优化界面，通过自定义的 GotoXY 函数来改变光标位置，打印指定数量的空格，打印分割线。

功能控制模块。进行闰年判断，返回指定日期对应的星期，日期有效性检查。

日历显示模块。设计日历的生成和显示，输出用户指定的日期的对应信息，如星期几、所在月份。在输出过程中，突出显示用户指定日期。还包括输出全年日历。

功能选择模块。通过键盘输入对应的键选取所要执行的功能，以调整日期、重置日期等。

3.4　详细设计与实现

3.4.1　预处理及数据结构

1. 头文件

#include < stdio. h >

#include < windows. h >　　　　/ ∗ 用到句柄等与控制台有关的函数，如 SetConsoleCursor-Position、System 等 ∗ /

#include < time. h >　　　　　　/ ∗ 获取系统时间 ∗ /

#include < conio. h >　　　　　　/ ∗ 用到 getch（）函数 ∗ /

2. 符号常量

符号常量 LAYOUT 用于光标定位调整主界面的排版。而符号常量 LINE_ NUM 用在打印下划线的函数中，表示输出下划线的数量。其他的符号常量 UP、DOWN、LEFT、RIGHT、PAGE_ UP 和 PAGE_ DOWN 用在选择功能模块中。具体实现中，用两个 getch（）函数接收方向键 Page Up 和 Page Down 键。第一个 getch（）接收到的值都是 − 32，而第二个 getch（）则会接收到上述 6 个符号常量对应的值。

#define LAYOUT 45

#define LINE_ NUM 30

#define UP 0x48

#define DOWN 0x50

#define LEFT 0x4b

#define RIGHT 0x4d

#define PAGE_ UP 0x49

#define PAGE_ DOWN 0x51

3. 结构体

struct Date ｛

int iYear;

int iMonth;

int iDay;

｝;

4. 全局变量

struct Date stSystemDate，stCurrentDate； ／＊系统时间和当前所选择时间的结构体变量＊／

int iNumCurrentMon ＝ 0； ／＊当前月份的天数＊／

int iNumLastMon ＝ 0； ／＊上个月的天数＊／

／＊记录月份对应的数字，将 aiMon［0］赋值为 0＊／

int aiMon［13］＝ { 0，31，28，31，30，31，30，31，31，30，31，30，31 }；

／＊定义一个二维数组记录每个月的全称＊／

char acMon［13］［10］＝ { "\0"，"January"，"February"，"March"，"April"，"May"，"June"，"July"，"Aguest"，"September"，"October"，"November"，"December" }；

3.4.2 主函数

1. 功能设计

首先通过时间结构体获取系统时间，作为程序的默认时间，然后调用函数输出提示信息并进去等待输入状态。

2. 代码实现

```
int main ( )
{
    time_ t RawTime = 0;        /＊time_ t 是 time. h 中定义的结构体类型＊/
    struct tm ＊ pstTargetTime = NULL;     /＊struct tm 是 time. h 中定义的结构体＊/
    time (&RawTime);        //获取当前时间，存到 rawtime 里
    pstTargetTime = localtime (&RawTime);        //获取当地时间
    stSystemDate. iYear = pstTargetTime－＞tm_ year + 1900;     /＊得到的时间是从
1900 年 1 月 1 日开始的＊/
    stSystemDate. iMonth = pstTargetTime－＞tm_ mon + 1;
    stSystemDate. iDay = pstTargetTime－＞tm_ mday;
    stCurrentDate = stSystemDate;
    GetKey ( );
    return 0;
}
```

3.4.3 排版输出模块

1. 功能设计

该模块主要用于排版，通过改变光标位置来改变输出内容的位置，以及打印空格、下划线等使界面更清晰美观。

2. 代码实现

（1）GotoXY 函数，光标移动函数，用于使光标移动到特定位置。

```
void GotoXY (int x, int y)     /＊光标定位到第 y 行 第 x 列    ＊/
{
    HANDLE hOutput = GetStdHandle (STD_ OUTPUT_ HANDLE);
```

```
COORD loc;
loc. X = x;
loc. Y = y;
SetConsoleCursorPosition (hOutput, loc);
return;
}
```

（2）PrintSpace 函数，输出传入参数 n 个空格，如果 n 为负数，则提示错误并退出。

```
void PrintSpace (int n)
{
  if (n < 0)
{
  printf ("It shouldn't be a negative number! \ n");
  return;
}
while (n − −)
  printf ("");
}
```

（3）PrintUnderline () 函数，输出全局变量 LINE_ NUM 数量的下划线。

```
void PrintUnderline ()
{
  int i = LINE_ NUM;
  while (i − −)
    printf ("−");
}
```

3.4.4　功能控制模块

1. 功能设计

该模块主要用于判断输入的年份是否是闰年，进行输入日期有效性检查以及返回输入日期是星期几。

2. 代码实现

（1）int IsLeapYear (int iYear)；该函数判断是否为闰年，若年份是闰年返回 1，否则返回 0。代码略。

（2）void CheckDate ()；该函数检查日期的有效性，年份必须为正数。代码略。

（3）int GetWeekday (int iYear, int iMonth, int iDay)；该函数用于得到指定日期是星期几。代码略。

3.4.5　日历显示模块

1. 功能设计

模块用于输出当前选择日期所在月份对应的月历以及所指定日期和系统日期的信息，

如星期几、日期等，并打印功能说明模块。

2. 关键算法

该模块是本项目的核心内容，它设计日历的生成和显示，先根据年份是否为闰年确定 2 月的天数（若是闰年则将 2 月的天数设置成 29 天），并根据用户指定的日期推算出星期。用户指定日期所在月份的第一个星期中，判断该星期属于上个月的天数，其对应的日历在本月不输出，用 4 个空格代替。（比如该月 1 号是星期三，那么该星期在本月的有 4 天，星期三到星期六）在输出过程中，突出显示用户指定日期。日历显示流程图如图 3 - 2 所示。

3. 代码实现

（1）void PrintCalendar（int iYear, int iMonth, int iDay）；该函数输出显示日历信息。首先通过 IsLeapYear 判断是否为闰年，确定所选定年份的 2 月的总天数。再检查所指定日期是否有效（即大于 0 且小于等于所在月份的总天数），若无效，则显示错误信息提示，并将指定日期重置为系统时间。通过相应函数得到指定月份 1 号的星期后，也是本月第一个星期在上个月的天数。（星期日是一星期的第一天）需要注意的是，由于在输出日历的过程中要用括号突出显示指定的日期，每个日期占 4 个空格，故日期是个位数和两位数的突出显示，代码会有不同。代码略。

（2）void PrintWeek（struct Date * pstTempDate）；该函数输出传入的日期和对应日期是星期几，然后输出对应的字符串并打印。代码略。

（3）void PrintInstruction（ ）；该函数通过不断改变光标位置，在不同位置输出介绍功能按键的信息。代码略。

（4）void PrintWholeYear（int iYear, int iMonth, int iDay）；该函数输出所在年份的全年年历。

```
void PrintWholeYear（int iYear, int iMonth, int iDay）
{
    int iOutputDay = 1;              / * 输出的日期 * /
    int iOutputMonth = 1;            / * 输出的月份 * /
    int iError = 0;                  / * 用以标记日期是否有效 * /
    int iDayInLastMon = 0;           / * 本月第一个星期在上月的天数 * /
```

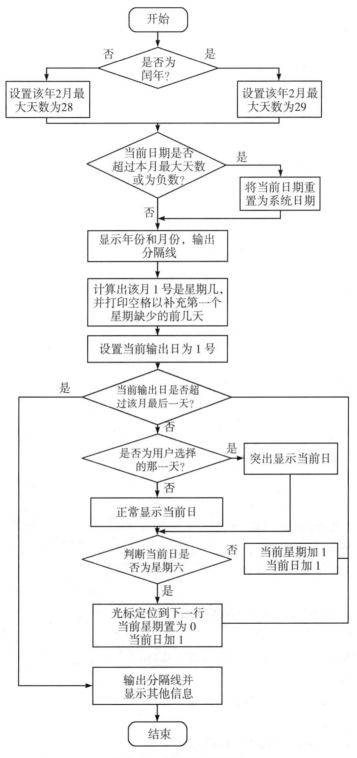

图 3－2　日历显示流程图

```
int iWeekday = 0;
int iRow = 0;
int iTemp = 3;
int iCol = 40;
if (IsLeapYear (iYear))
    aiMon [2] = 29;
else
    aiMon [2] = 28;
if (iDay > aiMon [iMonth])
{
    printf ( "This month (% s) has at most % d days \ n", acMon [iMonth], aiMon
    [iMonth]);
    iError = 1;
}
if (iDay < = 0)
{
    printf ( "The date should be a positive number \ n");
    iError = 1;
}
if (iError)
{
    printf ( "Press any key to continue... \ n");
    getch ( );
    iYear = stSystemDate. iYear;
    iMonth = stSystemDate. iMonth;
    iDay = stSystemDate. iDay;
    stCurrentDate = stSystemDate;
}
iWeekday = iDayInLastMon = GetWeekday (iYear, 1, 1);
GotoXY (18, 0);
printf ( "The Calendar of the whole % d", iYear);
if (IsLeapYear (iYear))
    printf ( " [Leap Year!] \ n");
else
    printf ( " [Common Year!] \ n");
GotoXY (0, 1);
printf ( "Sun Mon Tue Wed Thu Fri Sat");
```

```
GotoXY (iCol, 1);
printf ( "Sun Mon Tue Wed Thu Fri Sat");

while (iOutputMonth < = 12)
{
    iRow = iTemp;
    GotoXY (iCol, iRow - 1);
    PrintUnderline ( );
    if (iOutputMonth % 2)
    iCol = 0;
    else
    {
        iCol = 40;
        iTemp + = 8;
    }
    iOutputDay = 1;
    GotoXY (iCol + 10, iRow);
    printf ( "%s", acMon [iOutputMonth]);
    GotoXY (iCol, + + iRow);
    PrintSpace (iDayInLastMon * 4);
    if (iOutputMonth = = iMonth)
    {
        while (iOutputDay < = aiMon [iOutputMonth])
        {
            if (iOutputDay = = iDay)
            {
                if (iDay < 10)
                    printf ( " (%d)", iOutputDay);
                else
                    printf ( " (%2d)", iOutputDay);
            }
            else
                printf ( "%4d", iOutputDay);
            if (iWeekday = = 6)
            GotoXY (iCol, + + iRow);
            iWeekday = iWeekday > 5 ? 0 : iWeekday + 1;
            iOutputDay + + ;
```

```
        }
    }
    else
    {
        while (iOutputDay < = aiMon [iOutputMonth])
        {
            printf ("%4d", iOutputDay);
            if (iWeekday = = 6)
            GotoXY (iCol, + +iRow);
            iWeekday = iWeekday > 5 ? 0 : iWeekday + 1;
            iOutputDay + +;
        }
    }
    iOutputMonth + +;
    iDayInLastMon = iWeekday;
    }
    iRow = iTemp;
    GotoXY (0, iRow - 1);
    PrintUnderline ( );
    GotoXY (40, iRow - 1);
    PrintUnderline ( );
    GotoXY (0, iRow);
    printf ("Press any key to return to the main interface! \ n");
    getch ( );
}
```

4. 核心界面

突出显示所选日期时，日期是个位数与日期是两位数的打印日期所占的列数不同。程序运行界面如图 3 - 3 至图 3 - 6 所示。

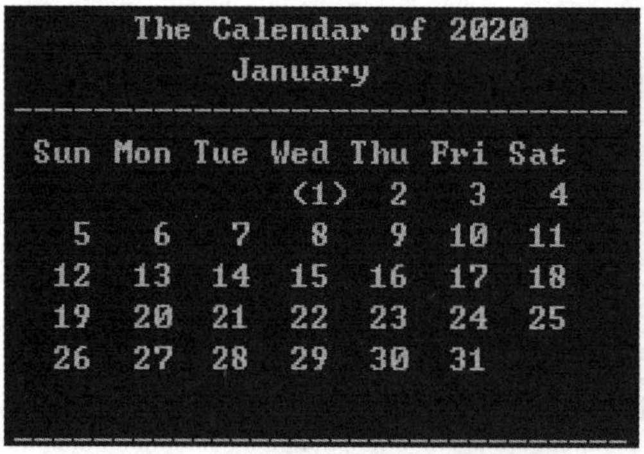

图 3 - 3　突出显示个位数日期

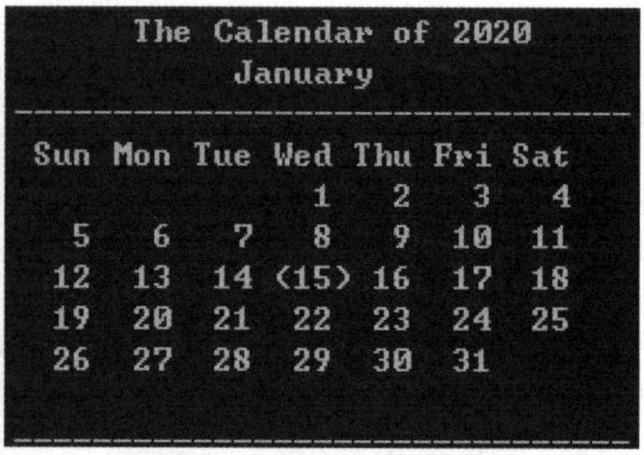

图 3 - 4　突出显示十位数日期

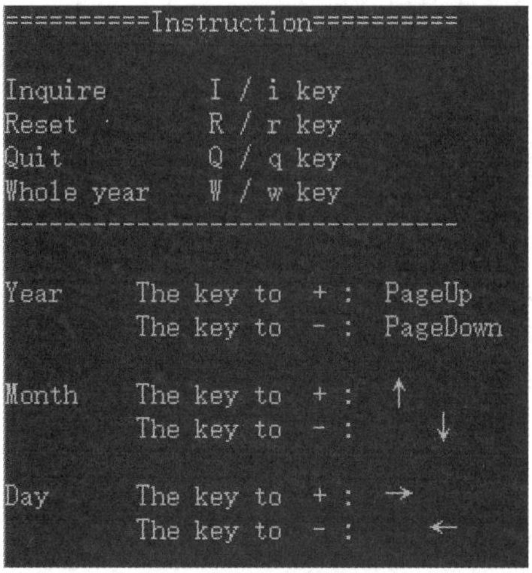

图 3 - 5　功能说明模块

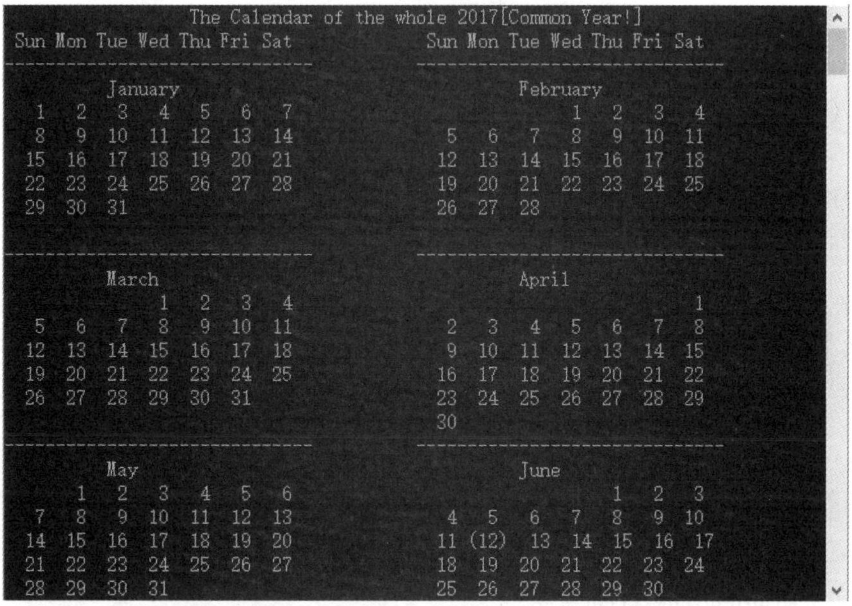

图 3 - 6　全年日历

3.4.6　功能选择模块

1. 功能设计

模块主要用于响应键盘操作，依据获取的按键值选择相应的功能来响应，从而实现了功能选择。该函数主要由 GetKey （ ） 实现。

2. 代码实现

GetKey （ ） 等待键盘输入，选择对应的功能。上、下、左、右方向键控制月份和日期的增减。上、下翻页键（Page Up、Page Down）控制年份的增减。I/i 键表示查询日期，R/r 键表示将所选时间重置为系统时间，W/w 表示查看所选年份的全年日历，Q/q 键表示退出，系统会询问用户是否确认退出（输入 Y/y 表示确认）。

```c
void GetKey ( )                    /*  键盘输入   */
{
 int iFirst = 1;
 char cKey = '\0', c = '\0';
 while（1）
 {
   PrintCalendar（stCurrentDate. iYear, stCurrentDate. iMonth, stCurrentDate. iDay）;
   /*如果是第一次，则打印该语句*/
   if（iFirst）{
     GotoXY（0, 19）;
     printf（"Please read the instruction carefully! \n"）;
     iFirst = 0;
   }
   cKey = getch（ ）;
   if（cKey == -32）
   {
    cKey = getch（ ）;
    switch（cKey）
     {
    case UP:
     {
      if（stCurrentDate. iMonth < 12）
        stCurrentDate. iMonth ++;
      else
       {
        stCurrentDate. iYear ++;
        stCurrentDate. iMonth = 1;
       }
      break;
     }
    case DOWN:
     {
      if（stCurrentDate. iMonth > 1）
        stCurrentDate. iMonth --;
      else
```

```
          {
         stCurrentDate. iYear - - ;
         stCurrentDate. iMonth = 12 ;
          }
       break ;
   }
case LEFT :
   {
     if ( stCurrentDate. iDay > 1 )
        stCurrentDate. iDay - - ;
     else
         {
         /*若当前日期为1月1日，减一天后则变为上一年的12月31日*/
         if ( stCurrentDate. iMonth = = 1 )
            {
            stCurrentDate. iYear - - ;
            stCurrentDate. iMonth = 12 ;
            stCurrentDate. iDay = 31 ;
            }
         else
            {
            stCurrentDate. iMonth - - ;
            stCurrentDate. iDay = 31 ;
            }
         }
       break ;
   }
case RIGHT :
   {
     if ( stCurrentDate. iDay < iNumCurrentMon )
        stCurrentDate. iDay + + ;
     else
         {
         /*若当前日期为12月31日，加一天后则变成下一年的1月1日*/
         if ( stCurrentDate. iMonth = = 12 )
            {
```

```
                stCurrentDate. iYear + + ;
                stCurrentDate. iMonth = 1 ;
                stCurrentDate. iDay = 1 ;
            }
          else
            {
                stCurrentDate. iMonth + + ;
                stCurrentDate. iDay = 1 ;
            }
          }
          break ;
      }
    case PAGE_ UP:
      {
          stCurrentDate. iYear + + ;
          break ;
      }
    case PAGE_ DOWN:
      {
          stCurrentDate. iYear - - ;
          break ;
      }
      }
  }
  else
    {
  if ( cKey = = 'I' | | cKey = = 'i' )
    {
      printf ( "Input date ( % d - % 02d - % 02d , eg) \ n", stSystemDate. iYear, stSys-
temDate. iMonth, stSystemDate. iDay) ;
      scanf ( "% d - % d - % d", &stCurrentDate. iYear, &stCurrentDate. iMonth, stCur-
rentDate. iDay) ;
      CheckDate ( ) ;
      getchar ( ) ;
    }
  if ( cKey = = 'R' | | cKey = = 'r' )
```

```c
    {
    stCurrentDate = stSystemDate;
    }
    if ( cKey = = 'Q' | | cKey = = 'q' )
        {
        printf ( "Do you really want to quit? <Y/N>");
        c = getchar ( );
        if ( c = = 'Y' | | c = = 'y' )
            break;
        }
    if ( cKey = = 'W' | | cKey = = 'w' )
        {
        system ( "cls");          /* 打印全年日历之前先清屏 */
        PrintWholeYear ( stCurrentDate. iYear, stCurrentDate. iMonth, stCurrentDate. iDay);
        }
    }
}
}
```

3. 核心界面

输入 i 后输入所要查询的日期，前后对比如图 3-7 和图 3-8 所示。

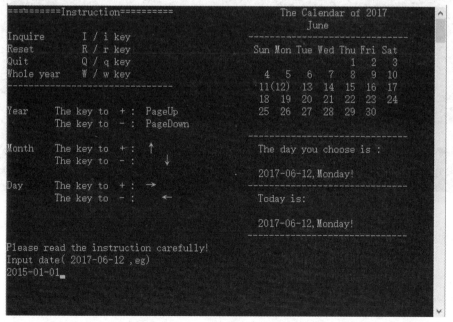

图 3-7　查询日期前

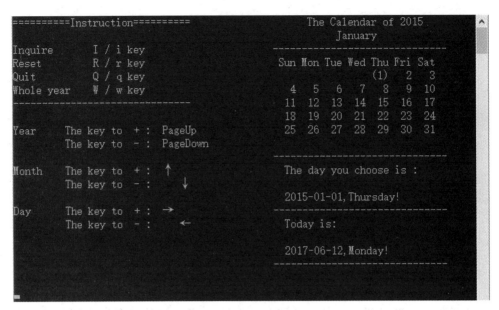

图 3-8　查询日期后

然后按右方向键，日期增加，如图 3-9 所示。

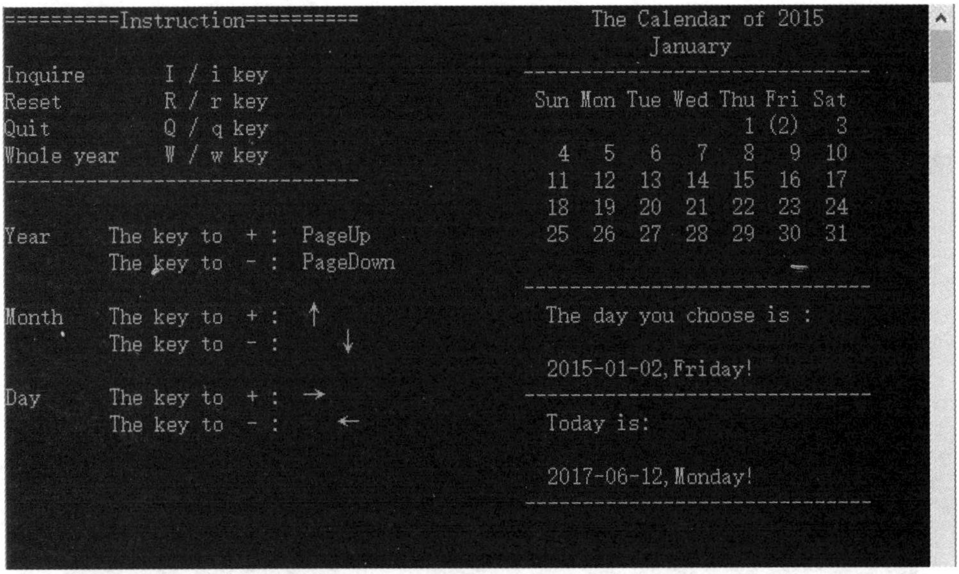

图 3-9　按右方向键后

而后按上方向键增加月份，如图 3-10 所示。

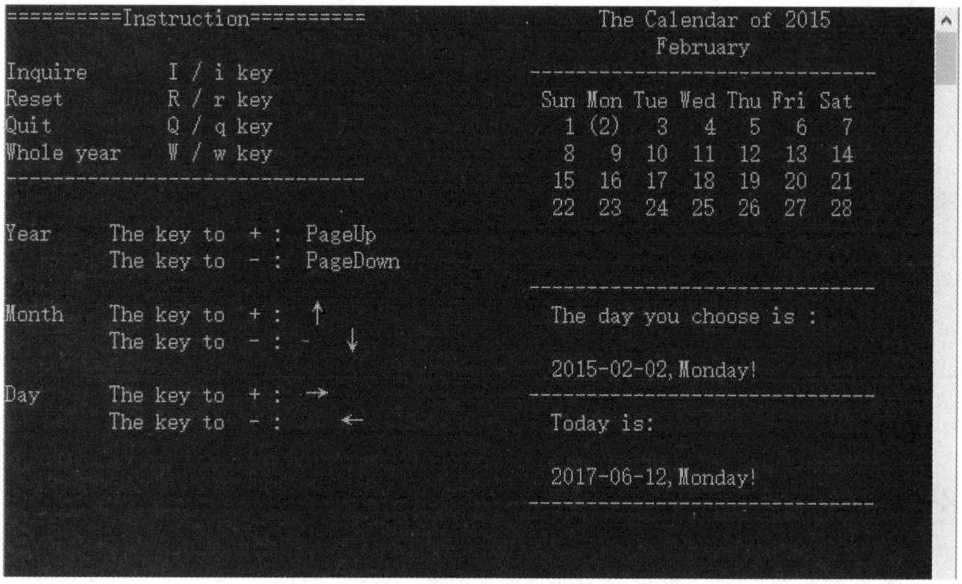

图 3-10　按上方向键后

按 Page Up 键增加年份，如图 3-11 所示。

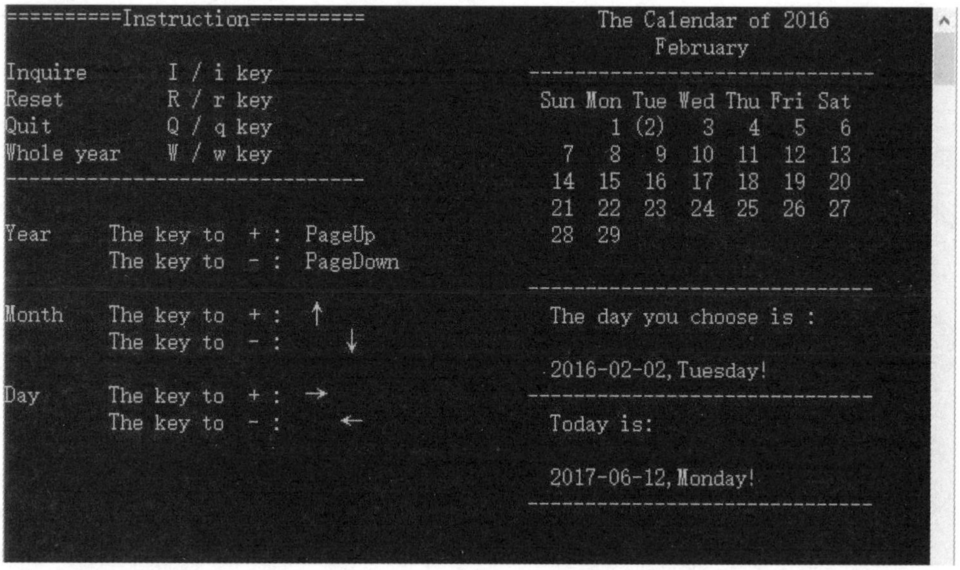

图 3-11　按 Page Up 键后

3.5　系统测试

以查询日期为例，测试用例如下：

序号	测试项	前提条件	操作步骤	预期结果	测试结果
1	查询日期	在主界面键入 I/i 键	1. 输入所要查询的日期（例：2018 – 2 – 30） 2. 按回车键确认	错误提示 "This month（February）has at most 28 days"	通过
2		在主界面键入 I/i 键	1. 输入所要查询的一个有效日期（例：2015 – 1 – 30） 2. 按回车键确认	所选择日期跳转到 2015 – 1 – 30 并显示 2015 年 1 月的月历	通过

3.6　设计总结

本项目提供了普通万年历的基本功能，比如显示日期、得到星期几等。通过本项目的学习，读者能熟悉如下内容：如何进行日历中闰年的判断，如何排版能更美地显示日期，进一步熟悉获取系统时间、控制台光标定位等功能。

希望能够在此基础上开发出更加新颖的功能，比如改变字体颜色、美化界面，还可以增加节日元素等。

第三部分

附　　录

附录1：综合练习参考答案

第1章　C语言程序设计概述参考答案

一、选择题

1～5	AABDC	6～10	CDCDC	11～15	ADCBA
16～20	CBACC				

二、填空题

1. 一、主、主

2. .C 、.OBJ、.EXE

3. "｛"、"｝"、变量说明、执行语句

4. 主函数

5. /＊、＊/、运行

三、编程题

1.（1）源代码如下：

```
#include "stdio. h"
void main （    ）
｛
    printf （"Programming Language \ n"）；
｝
```

（2）源代码如下：

```
#include "stdio. h"
void main （    ）
｛ printf （"＊＊＊＊＊＊＊＊＊＊＊＊＊＊＊＊ \ n"）；
  printf （" \ n"）；
  printf （"Welcome \ n"）；
  printf （" \ n"）；
  printf （"＊＊＊＊＊＊＊＊＊＊＊＊＊＊＊＊ \ n"）；｝
```

2.
```
main （    ）
｛ int a, b, x, y, m, n;
  a＝25; b＝5;
  x＝a＋b; y＝a－b; m＝a＊b; n＝a/b;
  printf （"x＝％d, y＝％d, m＝％d, n＝％d \ n", x, y, m, n）；｝
```

第 2 章　数据类型与表达式参考答案

一、选择题

1～5	DCCCB	6～10	CADBD	11～15	CCBCB
16～20	DCCAA	21～25	CCBCC	26～30	CBBCA
31～35	CACAA	36～38	BCC		

二、填空题

1. 十、八、十六　　2. int、float、double

3. 3　　4. −16

5. 1　　6. 2

7. 10、6　　8. 9

9. 'f'　　10. （m/10%10）*100 + m/100 * 10 + m%10

11. 3.500000　　12. 1

13. 4　　14. 1.500000、6.700000

15. 1、−2、1、4

三、程序分析题

1. 111　　2. 4，3

3. 1　　4. 11，19，30，1

5. 65，89　　6. a = %d，b = %d

阶段复习（一）参考答案

1～5	CBDCD	6～10	ABCAC	11～15	CBCDB
16～20	ADBBD	21～25	CCABB	26～30	BDDCB
31～35	BCDDB	36～40	BACCB	41～45	CBDCB
46～50	CDDCD	51～55	BBBCD	56～60	CBDAC
61～65	BACAC	66～70	BBABD	71～55	CDDBC
76～80	CCDBB	81～85	ACDBA	86～90	BCCBC

第3章　C语言程序的控制结构参考答案

3.1　顺序结构程序设计

一、选择题

1～5	BCCCC	6～10	DCDCB	11～15	DBDBC
16～20	CDBBD	21～25	ACDBC		

二、填空题

1. a = 5.0，4，c = 3　2.0

3. b、b、b　　　　　4. − 14

5. 未指明变量 k 的地址格式控制符与变量类型不匹配

6. scanf（"% d% f% f% c% c"，&a，&b，&x，&c1，&c2）;

36.512.6aA

7. AB　＜ CR ＞　　　8.10　15　10

9. 123、45.000000　10. 2，1

三、程序分析题

1. 4、5　　　　　　　2. 无正确值

3. x = 98　y = 765.000000　z = 4321.000000

4. 879　　　　　5.10，A，10

四、编程题

1. 源代码如下：

```
#include "stdio. h"
main（ ）
{ float c，f;
  printf（"请输入一个华氏温度 \ n"）;
  scanf（"% f"，&f）;
  c = 5.0/9.0 ＊（f − 32）;
  printf（"摄氏温度为:% 6.2f \ n"，c）;
}
```

2. 源代码如下：

```
#include "stdio. h"
main（ ）
```

```
    { int a, b, c, x;
        printf（"请输入一个三位整数:"）;
        scanf（"%d", &x）;
        a = x/100;
        b = x/10%10;
        c = x%10;
        printf（"输出结果:%d%d%d\n", c, b, a）;
    }
```

3. 源代码如下:

```
#include <stdio.h>
main（  ）
{

    int hour, min, tran;
    printf（"Enter time:"）;
    scanf（"%d%d", &hour, &min）;
    printf（"before:%dh%dmm\n", hour, min）;
    tran = hour * 60 + min;
    printf（"after:%dmin\n", tran）;
}
```

4. 源代码如下:

```
#include <stdio.h>
main（  ）
{

    int a, n, i;
    float p, result = 1;
    printf（"Input a, n, p:"）;
    scanf（"%d,%d,%f", &a, &n, &p）;
        for（i=1; i<=n; i++）
        result = result * （1+p）; //求 （1+p） 的 n 次方
    result = a * result - a;
    printf（"\n到期利息为:%f\n", result）;
}
```

5. 源代码如下:

```
#include <stdio.h>
#define PI 3.14159
main（  ）
{
```

```
    float r, h, l, s, v;
    printf ("Input r, h:");
    scanf ("%f,%f", &r, &h);
    l = 2 * PI * r;
    s = PI * r * r;
    v = PI * r * r * h;
    printf ("r = %f, h = %f \ nl = %f, s = %f, v = %f \ n", r, h, l, s, v);
}
```

6. 源代码如下：

```
#include < stdio. h >
void main ( )
{ int a, b;
    long c;
    scanf ("%d%d", &a, &b);
    c = (b%10) * 1000 + (b/10) * 100 + (a%10) * 10 + a/10; /* 将 a 数的十
    位和个位数依次在 c 数个位和十位上，b 数的十位和个位数依次放在 c 数的百位
    和千位 */
    printf ("The result is:%ld \ n", c);
}
```

3.2 选择结构程序设计

一、选择题

1 ~ 5	DBDCC	6 ~ 10	CDBC（A）B	11 ~ 15	CBBCB
16 ~ 20	BADBB	21 ~ 25	CCCAA		

二、填空题

1. && ‖ !   2. x > 2&&x < 3‖x < −10

3. y%2 = =1   4. x < z‖y < z

5. ((x < 0&&(y < 0))‖((x < 0) && (z < 0))‖((y < 0) && (z < 0))

6. 0   7. 0

8. 0   9. 0

10. 0   11. 0

12. 1   13. 0

14. [1] y < z   [2] x < z

     [3] x < y

15. [1] c = c + 5   [2] c = c − 21
16. [1] u, v   [2] x > y
    [3] u > z
17. [1] y%4 = = 0&&y%100! = 0   [2] f = 0
18. [1] gz < 850   [2] (gz > = 850) && (gz < 1500)
    [3] (gz > = 1500) && (gz < 2000)
    [4] rfgz = gz − gz * 0.015
    [5] rfgz = gz − gz * 0.0200

三、程序分析题

1. 1, 0   2. 585858
3. your ¥3.0yuan/xiaoshi   4. 2nd class postage is 14p
5. F   6. 4：05 PM
7. b = 2   8. 0.600000
9. a = 2, b = 1   10. passwarm

四、编程题

1. 源代码如下：
```
#include "stdio. h"
void main (    )
{  int n;
   printf ( "Input a number：\ n");
   scanf ( "%d", &n);
   if ( (n%5 = =0) && ( n%7 = =0)) printf ( "yes \ n");
   else printf ( "no \ n");
}
```

2. 源代码如下：
```
#include "stdio. h"
void main (    )
{  int a, b;
   printf ( "Input two number：\ n");
   scanf ( "%d%d", &a, &b);
   if (a * a + b * b > 100) printf ( "%d \ n", (a * a + b * b) /100);
   else printf ( "%d \ n", a + b);
}
```

3. 源代码如下：
```
#include < stdio. h >
```

```
#include  < math. h >
main (   )
{
    float x, y;
    printf ( "Input x:");
    scanf ( "%f", &x);
    if (x < 0)
    y = x * x * x;
    else if (x = = 0)
    y = 0;
    else
    y = sqrt (x);
    printf ( "x = %f, y = %f \ n", x, y);
}
```

4. 源代码如下:

```
#include  < stdio. h >
main (   )
{
    int n, n1, n2, n3, n4, n5, nn;
    printf ( "Enter n (n > = 0 && n < 99999):");
    scanf ( "%d", &n);
    if (n > = 10000&&n < = 99999)
    {
        printf ( "n 是 5 位数 \ n");
        n1 = n%10;
        n2 = (n/10)%10;
        n3 = (n/100)%10;
        n4 = (n/1000)%10;
        n5 = n/10000;
        printf ( "n 每一位上的数字是 (从高到低)%d,%d,%d,%d,%d \ n", n5,
        n4, n3, n2, n1);
        nn = n1 * 10000 + n2 * 1000 + n3 * 100 + n4 * 10 + n5;
        printf ( "n 的逆序数为%d \ n", nn);
    }
    if (n > = 1000&&n < = 9999)
    {
        printf ( "n 是 4 位数 \ n");
```

```
        n1 = n%10;
        n2 = (n/10)%10;
        n3 = (n/100)%10;
        n4 = n/1000;
        printf ("n 每一位上的数字是 (从高到低)%d,%d,%d,%d \ n", n4, n3,
        n2, n1);
        nn = n1 * 1000 + n2 * 100 + n3 * 10 + n4;
        printf ("n 的逆序数为%d \ n", nn);
    }
    if (n > = 100&&n < =999)
    {
        printf ("n 是 3 位数 \ n");
        n1 = n%10;
        n2 = (n/10)%10;
        n3 = n/100;
        printf ("n 每一位上的数字是 (从高到低)%d,%d,%d \ n", n3, n2, n1);
        nn = n1 * 100 + n2 * 10 + n3;
        printf ("n 的逆序数为%d \ n", nn);
    }
    if (n > = 10&&n < =99)
    {
        printf ("n 是 2 位数 \ n");
        n1 = n%10;
        n2 = n/10;
        printf ("n 每一位上的数字是 (从高到低)%d,%d \ n", n2, n1);
        nn = n1 * 10 + n2;
        printf ("n 的逆序数为%d \ n", nn);
    }
    if (n > = 0&&n < =9)
    {
        printf ("n 是 1 位数 \ n");
        printf ("n 每一位上的数字是 (从高到低)%d \ n", n);
        nn = n;
        printf ("n 的逆序数为%d \ n", nn);
    }
}
```

5. 源代码如下：

```
#include < stdio. h >
main (    )
{
    float i, r;
    printf ( "Input i（万元）:");
    scanf ( "%f", &i);
    if (i < =10)
        r = i * 0. 1;
    else if (i < =20)
        r = 10 * 0. 1 + (i－10) * 0. 075;
    else if (i < =40)
        r = 10 * 0. 1 + 10 * 0. 075 + (i－20) * 0. 05;
    else if (i < =60)
        r = 10 * 0. 1 + 10 * 0. 075 + 20 * 0. 05 + (i－40) * 0. 03;
    else if (i < =100)
        r = 10 * 0. 1 + 10 * 0. 075 + 20 * 0. 05 + 20 * 0. 03 + (i－60) * 0. 015;
    else
        r = 10 * 0. 1 + 10 * 0. 075 + 20 * 0. 05 + 20 * 0. 03 + 40 * 0. 015 + (i－100)
        * 0. 01;
    printf ( "i = %f, r = %f \ n", i, r);
}
```

6. 源代码如下:
```
#include < stdio. h >
#include < math. h >
void main (    )
{ double s = 0. 0;
    int i, n;
    scanf ( "%d", &n);
    for (i = 0; i < n; i ++)
        if (i%5 = =0 && i%11 = =0) s = s + i;
    s = sqrt (s);
    printf ( "s = %f \ n", s);
}
```

7. 源代码如下:
```
#include < stdio. h >
main (    )
{ int n, g, sh;
```

```c
printf ( "Enter a two – digit number:" );
scanf ( "% d", &n );
printf ( "You entered the number " );
if ( n > = 10 && n < = 19)
switch ( n )
{ case 10: printf ( "ten \ n" ); break;
  case 11: printf ( "eleven \ n" ); break;
  case 12: printf ( "twelve \ n" ); break;
  case 13: printf ( "thirteen \ n" ); break;
  case 14: printf ( "fourteen \ n" ); break;
  case 15: printf ( "fifteen \ n" ); break;
  case 16: printf ( "sixteen \ n" ); break;
  case 17: printf ( "seventeen \ n" ); break;
  case 18: printf ( "eighteen \ n" ); break;
  case 19: printf ( "nineteen \ n" ); break;
}
else
{
  g = n% 10;
  sh = n/10;
  switch ( sh )
  {
  case 2: printf ( "twenty" ); break;
  case 3: printf ( "thirty" ); break;
  case 4: printf ( "fourty" ); break;
  case 5: printf ( "fifty" ); break;
  case 6: printf ( "sixty" ); break;
  case 7: printf ( "seventy" ); break;
  case 8: printf ( "eighty" ); break;
  case 9: printf ( "ninety" ); break;
  }
switch ( g )
{
  case 0: printf ( " \ n" ); break;
  case 1: printf ( " – one \ n" ); break;
  case 2: printf ( " – two \ n" ); break;
  case 3: printf ( " – three \ n" ); break;
```

```
case 4：printf（"-four\n"）；break；
case 5：printf（"-five\n"）；break；
case 6：printf（"-six\n"）；break；
case 7：printf（"-seven\n"）；break；
case 8：printf（"-eight\n"）；break；
case 9：printf（"-nine\n"）；break；

        }
    }
}
```

3.3 循环结构程序设计

一、选择题

1~5	BABBA	6~10	BCDBB	11~15	ABAAC
16~20	CDCAA	21~25	BCDBC	26~30	ABBBB

二、填空题

1. [1] x > =0   [2] x < amin
2. [1] c! =`\n`   [2] c > =0&&c < =9
3. [1] x1   [2] x1/2 -2
4. [1] r =m；m =n；n =r；   [2] m%n
5. [1] i%3 = =2&&i%5 = =3&&i%7 = =2
   [2] j%5 = =0
6. [1] n%10   [2] max = t
7. [1] i < x
8. [1] 2 * x +y * 4 = =90
9. [1] t =t * i   [2] t = -t/i
10. [1] m =n   [2] m
    [3] m =m/10
11. [1] m =0，i =1 [2] m =m +i
12. [1] k   [2] k/10
13. [1] break   [2] i = =11 或 i > =11
14. [1] i < =9   [2] j%3! =0
15. [1] b =i +1
16. [1] t > eps   [2] 2.0 * s

三、程序分析题

1. 17
2. 668977
3. 011122
4. s = 3
5. 3, 1, -1, 3, 1, -1, 3, 1, -1

四、编程题

1. 源代码如下:

```
#include "stdio. h"
void main (    )
{ int k,  s = 0;
  scanf ("%d", &k);
  while (k > 0)
  { if (k%3 = =0&&k%7! =0)
    s ++ ;
    scanf ("%d", &k); }
  printf ("s = %d \ n", s);
}
```

2. 源代码如下:

```
#include "stdio. h"
void main ( )
{ int sum, n, i, s = 0;
  for (n = 200; n < =500; n ++ )
  { sum = 0;
    for (i = 1; i < =n/2; i ++ )
    if (n%i = =0) sum + =i;
    if (sum =  =n)
    s = s + n; }
  printf ("s = %d \ n", s); }
```

3. 源代码如下:

```
#include "stdio. h"
void main (    )
{ int n,  x = 1;
  for (n = 9; n > =1; n -- )
  x = 2 * (x + 1);
```

```
      printf（“n＝％d”，x）；
  ｝
```

4. 源代码如下：

```
#include“stdio.h”
void main（    ）
｛ int x，y，z；
  for（x＝1；x＜＝19；x++）
  for（y＝1；y＜＝33；y++）
  for（z＝1；z＜＝99；z++）
  if（（x+y+z＝＝100）&&（5*x+3*y+z/3＝＝100））
  printf（“x＝％d，y＝％d，z＝％d\n”，x，y，z）；
｝
```

5. 源代码如下：

```
main（    ）
｛ int i，n＝0；
  for（i＝100；i＜＝600；i++）
  ｛ a＝i/100；
    b＝i％100/10；
    c＝i％10；
    if（（b+c）％10＝＝a）
    n++；｝
  printf（“n＝％d\n”，n）；
｝
```

6. 源代码如下：

```
#include＜stdio.h＞
void main（    ）
｛
  int i，sum＝0，a，b，c；
  for（i＝123；i＜433；i++）
  ｛
  a＝i/100；
  b＝i/10％10；
  c＝i％10；
  if（a！＝b&&a！＝c&&b！＝c&&（a＞0）&&（a＜5）&&b＞0&&b＜5&&c＞
  0&&c＜5）
  ｛sum++；
```

```
        printf（"%d"，i）;}}
      printf（"\n%d\n"，sum）;

    }
```

7. 源代码如下:

```
#include <stdio.h>
main（  ）
{
  int i，j;
  for（i=1；i<=9；i++）
  {
    for（j=1；j<=i；j++）
      printf（"%4d"，i*j）;
    printf（"\n"）;
  }
}
```

8. 源代码如下:
（1）

```
#include <stdio.h>
void main（  ）
{ double s=0.0;
  int i，n;
  scanf（"%d"，&n）;
  for（i=1；i<=n；i++）
  s=s+1.0/（2*i-1）+1.0/（2*i）;
  printf（"S=%f\n"，s）;
}
```

（2）

```
#include <stdio.h>
#include <math.h>
void main（  ）
{ double s=1.0;
  int i，m;
  scanf（"%d"，&m）;
  for（i=1；i<=m；i++）
  s=s-log（（double）i）;
  s=s*s;
  printf（"S=%f\n"，s）;
```

```
}
```

（3）

```
#include <stdio. h>
void main (   )
{ double d1 = 1. 0, d2 = 1. 0, s = 1. 0, t, x;
  int i, f = - 1, n;
  scanf ("% d% lf", &n, &x);
  for (i = 1; i < = n; i ++)
  {
    d1 = d1 * x; d2 = d2 * i;
    t = f * d1/d2;
    s = s + t;
    f = - f;
  }
  printf ("S = % f \ n", s);
}
```

9. 源代码如下：

```
#include <stdio. h>
void main (   )
{ int t;
  int a = 1, b = 1, c = 0; / * a 代表第 n - 2 项, b 代表第 n - 1 项, c 代表第 n
  项 */
  scanf ("% d", &t);
  do / * 如果求得的数 c 比指定比较的数小, 则计算下一个 Fibonacci 数, 对 a, b
  重新置数 */
  {
    c = a + b;
    a = b;
    b = c;
  }
  while (c < t);     / * 如果求得的数 c 比指定比较的数大, 则退出循环 */
     c = a;    / * 此时数 c 的前一个 Fibonacci 数为小于 t 的最大的数 */
  printf ("t = % d, f = % d \ n", t, c);
}
```

10. 源代码如下：

```
#include <stdio. h>
void main (   )
```

```
{
    int i, n;
    long s = 0;
    printf ("Input n:");
    scanf ("%d", &n);
    for (i = 2; i <= n - 1; i ++)  /* 从 2 ~ n - 1 中找 n 的所有因子 */
        if (n % i == 0)
            s += i * i;  /* 将所有因子求平方相加 */
    printf ("s = %ld\n", s);  /* 输出平方和 */
}
```

11. 源代码如下：
```
#include <stdio.h>
main ()
{
    int i, j;
    for (i = 1; i <= 4; i ++)
    {
        for (j = 0; j < i; j ++)
            printf (" ");
        printf ("* * * * * *");
        printf ("\n");
    }
    printf ("\n");
    for (i = 7; i > 0; i = i - 2)
    {
        for (j = 1; j <= i; j ++)
            printf ("*");
        printf ("\n");
    }
    printf ("\n");
    for (i = 1; i <= 4; i ++)
    {
        for (j = 4 - i; j > 0; j --)
            printf (" ");
        for (j = 1; j <= i; j ++)
            printf ("* ");
        printf ("\n");
```

```
        }
      }
```

阶段复习（二）参考答案

1～5	CBCBA	6～10	ADDAB	11～15	CDABD
16～20	CCDAC	21～25	DCCDA	26～30	BDCBB
31～35	ACBCA	36～40	CDACB	41～45	BADCB
46～50	ACADA	51～55	DCBAD	56～60	CDACA

第4章 函数及预处理命令参考答案

一、选择题

1～5	ADDDB	6～10	BCDAC	11～15	ADDDB
16～20	CDDDB	21～25	BCBBC	26～30	ABBCD

二、填空题

1. ［1］ _ break ［2］getchar（ ）

2. ［1］ _ （int）（（value＊10＋5）/10）

  ［2］ponse＝＝val

3. ［1］j＝1 ［2］y＞＝1

  ［3］y－－

4. ［1］y＞x&&y＞z ［2］j%x1＝＝0&&j%x2＝＝0&&j%x3＝＝0

5. ［1］＜ ［2］b!＝0

6. ［1］age（n－1）＋2 ［2］age（5）

7. ［1］宏定义 ［2］文件包含

8. 880 9. 12

10. ［1］#inlude "e：\ myfile. txt" 11. ［1］#include "math. h"

12. ［1］k/10 ［2］a2＊10

13. ［1］void add（float a，float b） ［2］float add（float a，float b）

14. ［1］p＝p＋1 ［2］a［i］＝a［i＋1］

15. ［1］i＜10 ［2］array［i］

[3] average（score）

三、程序分析题

1. 无定值   2. 14
3. 4   4. 10
5. x = 8，y = 5   6. 84
   x = 8，y = 6
7. 6   15   15

四、编程题

1. 源代码如下：
```
isprime（int a）
{ int i;
    for（i = 2；i < sqrt（（double）a）；i ++）
    if（a% i = = 0）return 0;
    return 1;
}
```

2. 源代码如下：
```
#include < stdio. h >
main（   ）
{
    int fun（int n）;
    int n;
    printf（"Enter a integer n:"）;
    scanf（"% d"，&n）;
    if（fun（n））
       printf（"% d 是奇数 \ n"，n）;
    else
       printf（"% d 是偶数 \ n"，n）;
}
int fun（int n）
{
    if（n% 2）
       return 1;
    else
       return 0;
}
```

3. 源代码如下：

```
#include  < stdio. h >
#include  < math. h >
main (   )
{
    int fun（int a，int b）;
    int a = 1，b = - 5，c;
    c = fun（a，b）;
    printf（"c = % d \ n"，c）;
}
int fun（int a，int b）
{
    int c;
    c = abs（a - b）;
    return c;
}
```

4. 源代码如下：

```
#include < stdio. h >
int fun（）; /
main（）
{ int c;
    c = fun（）;
    printf（"% d \ n"，c）;
}

int fun（）
{ int i，j，count = 0;
    for（i = 0; i < 20; i + +）
    { j = i * 10 + 6;
    if（j % 3 ! = 0）continue;
    printf（"% d"，j）;
    count + +;
}
```

5. 源代码如下：

```
#include < stdio. h >
#include  < math. h >
float fun c（float a）
```

```
{ float y;
  y = a * a * a;
  return y;
}
main ( )
{ float a, y;
  scanf ( "%f", &a);
  y = fabs (func (a));
  printf ( "y = %f \ n", y);
}
```

6. 源代码如下:

```
#include <stdio. h>
main ( S)
{
  float fact (int n);
  int n, i;
  float y = 0;
  printf ( "intput an integer number:");
  scanf ( "%d", &n);
  if (n%2)
  {
  for (i = 1; i < = n; i + = 2)
  y = y + fact (i);
  printf ( "1! + 3! +... + %d! = %.0f \ n", n, y);
  }
  else
  printf ( "n 不是奇数, data error!");
  }
  float fact (int n) //求 n!
  {
  float f;
  if (n < 0)
  { printf ( "n < 0, data error!"); }

  else
      if (n = = 0 | | n = = 1)
          f = 1;
```

```
        else
            f = fact (n - 1) * n;
        return f;
    }
```

7. 源代码如下：

```
int zdgys (int n1, int n2)
{ int y, i;
    for (i = n2; i < = 1; i --)
    if (n1%i = = 0&&n2%i = = 0)
    {y = i; break;}
    return y;
    }
    int zxgbs (int n1, int n2)
    {int y, i;
    for (i = n1; i < = n1 * n2; i ++)
    if (i%n1 = = 0&&i%n2 = = 0)
    {y = i; break;}
    return y;
}
main ( )
{ int n1, n2, t;
    scanf ("n1 = % d n2 = % d", &n1, &n2);
    if (n1 < n2)
    {t = n1; n1 = n2; n2 = t;}
    printf ("zdgys = % dzxgbs = % d", zdgys (n1, n2), zxgbs (n1, n2));
}
```

8. 源代码如下：

```
#include < stdio. h >
void itoa (int n, char s []);
int main ( )
{
    int n;
    char s [100];
    printf ("Input n: \ n");
    scanf ("% d", &n);
    printf ("the string : \ n");
    itoa (n, s);
```

```
    return 0;
}
void itoa (int n, char s [])
{
    int i, j, sign;
    if ( (sign = n) < 0)  //记录符号
    n = - n;  //使 n 成为正数
    i = 0;
    do
    { s [i ++] = n % 10 + '0';  //取下一个数字 }
    while ( (n/ = 10) > 0);  //删除该数字
    if (sign < 0)
    s [i ++] = ' - ';
    s [i] = ' \ 0';
    for (j = i; j > = 0; j --)  //生成的数字是逆序的, 所以要逆序输出
    printf ( "% c", s [j]);
}
```

9. 源代码如下:

```
#include < stdio. h >
#define N 10
main ( )
{ float average (float a [], int n);
    float a [N], aver;
    int i, n;
    printf ( "input an integer n:");
    scanf ( "% d", &n);
    printf ( "input an array:");
    for (i = 0; i < n; i ++)
        scanf ( "% f", &a [i]);
    aver = average (a, n);
    printf ( "average is %. 2f \ n", aver);
}
float average (float a [], int n)
{
    int i;
    float y = 0;
        for (i = 0; i < n; i ++)
```

```
        y + = a [i];
          y = y/n;
        return y;
    }
```

10. 源代码如下：

```
#include < stdio. h >
#include < string. h >
main (   )
{
    void maxlen (char ch [ ]);
    char ch [4096] = {0};
    gets (ch); //有空格输入要这个函数
    maxlen (ch);
}


void maxlen (char ch [ ])
{ char x [128] [128] = {0};
    int i = 0, j;
    int w = 0, p = 0;
    int len = 0, max = 0, top = 0;

    while (ch [i]! = ' \ 0' && i < 4096)
    {
        if (ch [i] = = ' ') {w ++; p = 0; i ++; continue;}
                                   //一个空格表示一个单词分隔
        else x [w] [p] = ch [i]; //w 是单词的个数
        p ++;
        i ++;
    }

    for ( j = 0; j < = w; j ++)
    {
        len = strlen (x [j]);
        if (max < len) {max = len; top = j;}
    }
    printf ("%s 最长 \ n", x [top]);
}
```

11. 源代码如下：

```
#include < stdio. h >
#define P (a, b) (a) > (b) (A)：(b)
void main ( )
{
    int a, b, c;
    scanf ("%d%d%d", &a, &b, &c);
    printf ("%d", P (a, P (b, c)));
}
```

12. 源代码如下：

```
#include < stdio. h >
#define MOD (a, b) (a%b)
main ( )
{ int a, b;
    printf ("input two integer a, b:");
    scanf ("%d,%d", &a, &b);
    printf ("a mod d is：%d \ n", MOD (a, b));}
```

第 5 章　数组与字符串参考答案

一、选择题

1 ~ 5	BDABB	6 ~ 10	DABDB	11 ~ 15	DDACA
16 ~ 20	CBDCB	21 ~ 25	CCDAA	26 ~ 30	AABAA
31 ~ 35	CCACD				

二、填空题

1. ［1］&a ［i］　　　［2］i%4 = =0
   ［3］printf (" \ n")
2. ［1］m = 100；m < 1000　　　［2］m/10 − x ∗ 10
   ［3］a ［i］ = m
3. ［1］i = 1　　　　［2］b ［i］ = a ［i］ + a ［i−1］
   ［3］i%3
4. ［1］a ［age − 16］ ++　　　［2］i = 16；i < 32
5. ［1］continue　　［2］a ［i］

6. [1] a　　　　　[2] a

　　[3] sum/n　　　[4] ave

7. 按行存放　　　8. i×m+j+1

9. [1] 0　　　　　[2] 6

10. [1] j=2　　　　[2] j>=0

11. [1] i=j+1　　　[2] found=1

12. [1] a[i][j]+b[i][j]　　[2] printf（"\n"）

13. 9

14. [1] i<=7　　　[2] j=i+7

15. [1]（strcmp（str[0], str[1]）<0str[0]：str[1]）　　[2] s

16. he

17. [1] k　　　　　[2] -1

18. [1] a[i-1]　　　[2] a[9-i]

三、程序分析题

1. 10010　　　　2. 0

　　　　　　　　　0

3. 852　　　　　4. f

5. #&*&%　　　　6. aabcd

7. 5109　　　　　8. Sun=3 Moon=4

9. you&me　　　　10. 18

四、编程题

1. 源代码如下：

```
#include <stdio. h>
# define M 10
main（）
{ int a[M], c[5], i, n=0, x;
    printf（"Enter Number \n"）;
    scanf（"%d", &x）;
    while（x! =-1）
    {if（x>=0 && x<=4）
    {a[n]=x; n++;}
    scanf（"%d", &x）;
    }
    for（i=0; i<5; i++）c[i]=0;
    for（i=0; i<n; i++）c[a[i]]++;
```

```
        printf （ "The result is: \ n"） ;
        for （i = 0; i < = 4; i ++）
        printf （ "% d:% d \ n", i, c [i]） ;
        printf （ " \ n"） ;
    }
```

2. 源代码如下：

```
#include < stdio. h >
main （ ）
{ int a [5] [5], i, j, n = 1;
    for （i = 0; i < 5; i ++）
    for （j = 0; j < 5; j ++）
    a [i] [j] = n ++;
    printf （ "The result is: \ n"） ;
    for （i = 0; i < 5; i ++）
    { for （j = 0; j < = i; j ++）
        printf （ "% 4d", a [i] [j]） ;
        printf （ " \ n"） ;
    }
}
```

3. 源代码如下：

```
#include < stdio. h >
#include < string. h >
int alphabetic （char c）
{ if （ （c > = 'a' && c < = 'z'） | | （c > = 'A' && c < = 'Z'））
    return （1） ;
    else return （0） ;
}
int longest （ char string []）
{ int len = 0, i, length = 0, flag = 1, place = 0, point;
    for （i = 0; i < = strlen （string） ; i ++）
        if （alphabetic （string [i]））
            if （flag）
            { point = i;
                flag = 0;
            }
        else
            len ++;
```

```
        else
            {flag = 1;
             if (len > = length)
                 {length = len;
             place = point;
             len = 0;
                 }
                 }
             return (place);
    }
main ( )
{ int i;
   char line [100];
   printf ("Input one line: \ n");
   gets (line);
   printf (" \ n The longest word is:");
   for (i = longest (line); alphabetic (line [i]); i ++)
   printf ("%c", line [i]);
   printf (" \ n");
}
```

4. 源代码如下：

```
# include < stdio. h >
main ( )
{ int inverse (char str []);
   char str [100];
   printf ("Input string:");
   gets (str);
   inverse (str);
   printf ("Inverse string: %s \ n", str);
}
int inverse ( char str [])
{ char t;
   int i, j;
   for (i = 0, j = strlen (str); i < strlen (str) /2; i ++, j --)
   { t = str [i];
     str [i]  = str [j - 1];
     str [j - 1]  = t;
```

```
          }
       }
5. 源代码如下：
   #include < stdio. h >
   void convert（int n）
   {  int i；
      if（（i = n/10）！= 0）
      convert（i）；
      putchar（n % 10 + '0'）；
   }
   main（ ）
   {  int number；
      printf（"\ n Input an integer:"）；
      scanf（"% d"，&number）；
      printf（"Output:"）；
      if（number < 0）
      {  putchar（'－'）；
         number = － number；
      }
      convert（number）；
   }

6. 源代码如下：
   int sum（int a［］，int n）
   {
      int i，sum = 0；
      for（i = 0；i < n；i ++）
      {
         if（i % 2 = = 0）
         sum + = a［i］；
      }
      return sum；
   }
7. 源代码如下：
   #include < stdio. h >
   main（ ）
   {
      int a［10］，i，max，min；
      printf（"Enter 10 integer number:"）；
```

```
    for (i = 0; i < 10; i ++)
      scanf ("%d", &a [i]);
    max = a [0];
    min = a [0];
    for (i = 1; i < 10; i ++)
    { if(a[i] > max) max = a[i];
      if(a[i] < min) min = a[i];
    }
    printf ("最大数为%d, 最小数为%d \ n", max, min);
}
```

8. 源代码如下:

```
#include < stdio. h >
void main ( )
{
    int a [3] [4];
    int i, j, max, max i, max j;
    printf ("Input a array (3 * 4):");
    for (i = 0; i < 3; i ++)
      for (j = 0; j < 4; j ++)
        scanf ("%d", &a [i] [j]);
    printf ("this array (3 * 4) is: \ n");
    for (i = 0; i < 3; i ++)
      { for (j = 0; j < 4; j ++)
            printf ("%d \ t", a [i] [j]);
        printf (" \ n");
      }
    max = a [0] [0];
    max i = 0;
    max j = 0;
    for (i = 0; i < 3; i ++)
      for (j = 0; j < 4; j ++)
    if (a [i] [j] > max)
    { max = a [i] [j];
      max i = i;
      max j = j;
    }
    printf ("最大元素为%d, 行下标为%d, 列下标为%d \ n", max, max i,
    max j);
```

```
          }
9. 程序 1（用数组实现）：
   #include <stdio.h>
   #include <string.h>
   main ( )
   {
       char str [256], ch1 [2], ch2 [2];
         int p, q, len;
       puts ("Input a string:");
       gets (str);
       len = strlen (str);
       p = 0;
       q = len - 1;
         ch1 [0] = str [p];
         ch2 [0] = str [q];
         ch1 [1] = '\0';
         ch2 [1] = '\0';
       while (p < len/2)
       {
         if (! (strcmp (ch1, ch2)))
         {
           p ++, q --;
             ch1 [0] = str [p];
           ch2 [0] = str [q];
         }
         else {
         puts ("No, u are wrong!");
         exit (0);
         }
       }
       puts ("ok, u are right!");
   }
   程序 2（用指针实现）：
   #include <stdio.h>
   #include <string.h>
   main ( )
   {
       char str [256];
```

```
        char *p, *q;
    puts ("Input a string:");
    gets (str);
    p = str;
    q = p + strlen (p) -1;
    while (p < q)
    {
        if (*p == *q)
    {
        p++, q--;
    }
        else {
        puts ("No, u are wrong!");
        exit (0);
    }
    }
    puts ("Ok, u are right!");
}
```

10. 源代码如下：

```
#include < stdio. h >
int main ( )
{
    long a [30], i;
    a [0] = 0;
    a [1] = 1;
    for ( i = 2; i < 21; i ++ )
    a [i] = a [i-1] + a [i-2];
    for ( i = 0; i < 20; i ++ )
    {
        if ( i ! = 0 && i%5 == 0 )
        putchar ( '\ n');
        printf ( "%d\ t", a [i] );
    }
    putchar ( '\ n');
    return 0;
}
```

11. 源代码如下：

```
#include < stdio. h >
#define M 3
#define N 4
void main ( )
{ int t [M] [N] = { {68, 32, 54, 12}, {14, 24, 88, 58}, {42, 22, 44,
  56}};
  int pp [N] ;
  int i, j, max;
  for (j = 0; j < N; j ++ )
  { max = t [0] [j];
    for (i = 1; i < M; i ++ )
    if (t [i] [j] > max) max = t [i] [j];
    pp [j] = max;
  }
  for (j = 0; j < N; j ++ )
  printf ( "%d", pp [j]);
}
```

12. 源代码如下：

```
#include < stdio. h >
#define M 10
void main ( )
{ int t [10];
  int i, num = 0;
  float aver = 0. 0;
  for (i = 0; i < M; i ++ )
  { scanf ( "%d", &t [i]) ;
    aver = aver + t [i];
  }
  aver = aver/M;
  for (i = 0; i < M; i ++ )
  if (t [i] > aver) num ++ ;
  printf ( "num = %d \ n", num) ;

}
```

13. 源代码如下：

```
#include < stdio. h >
int fun (int x, int pp [ ])
```

```
{ int i, n = 0;
  for (i = 2; i < = x; i + = 2)
  if (x % i = = 0)
        {pp [n] = i; n + +;}
  return n;
}
void main ( )
{ int x, aa [1000], n, i;
  scanf ("%d", &x);
  n = fun (x, aa);
  for (i = 0; i < n; i + +)
  printf ("%d,", aa [i]);
}
```

14. 源代码如下：

```
#include <stdio. h>
#include <string. h>
void fun (char * s, int num)
{ char t;
  int i, j;
  for (i = 1; i < num - 2; i + +) /* 下标值从 1 开始, 用循环依次取得字符串中
  的字符 */
  for (j = i + 1; j < num - 1; j + +) /* 将字符与其后的每个字符比较 */
  if (s [i] > s [j]) /* 如果后面字符的 ASCII 码值小于该字符的 ASCII 码
  值 */
  { t = s [i]; /* 则交换这两个字符 */
    s [i] = s [j];
    s [j] = t;
  }
}
void main ( )
{
  char s [10];
  char b [10] = "Bdsihad";
  printf ("输入 7 个字符的字符串:");
  gets (s);
  fun (s, 7);
  printf ("\ n%s\ n", s);
```

```
}
```

15. 源代码如下：

```
#include < stdio. h >
#include  < stdlib. h >
#define N 5
void main (  )
{
  int a [N] [N], n, i, j;
  int b [N] [N] = {2, 5, 4, 0, 0, 1, 6, 9, 0, 0, 5, 3, 7};
  printf ( "* * * * * The array * * * * * \ n");
  for (i =0; i < N; i ++) /*产生一个随机 5 * 5 矩阵 */
  {
    for (j =0; j < N; j ++)
    {
      a [i] [j]  = rand ( )%10;
      printf ( "%4d", a [i] [j]);
    }
    printf ( " \ n");
  }
  do
  n = rand ( )%10; /*产生一个小于 5 的随机数 n */
  while ( n > =5);
  printf ( "n = %4d \ n", n);
  for (i =0; i < N; i ++)
  for (j =0; j < =i; j ++)
  a [i] [j]  =a [i] [j]  +n; /*使数组左下半三角元素中的值加上 n */
  printf ( "* * * * *THERESULT * * * * * \ n");
  for (i =0; i < N; i ++)
  {
    for (j =0; j < N; j ++)
    printf ( "%4d", a [i] [j]);
    printf ( " \ n");
  }
}
```

16. 源代码如下：

```
#include < stdio. h >
void fun (int m, int k, int xx [])
```

```
    {
       int i, j, n;
       for (i = m + 1, n = 0; n < k; i ++)  /* 找大于 m 的非素数, 循环 k 次, 即找
       出紧靠 m 的 k 个非素数 */
       for (j = 2; j < i; j ++)  /* 判断一个数是否为素数 */
       if (i % j = = 0)
       {
          xx [n ++] = i;  /* 如果不是素数, 放入数组 xx 中 */
          break;  /* 并跳出本层循环, 判断下一个数 */
       }
    }
    void main ( )
    {
       int m, n, zz [1000];
       printf ( " \ nPlease enter two integers: ");
       scanf ( "% d% d", &m, &n);
       fun (m, n, zz);
       for (m = 0; m < n; m ++)
       printf ( "% d ", zz [m]);
       printf ( " \ n ");
    }
```

17. 源代码如下:

```
    #include < stdio. h >
    #include < conio. h >
    #include < stdlib. h >
    #define N 5
    int fun (int w [ ] [N])
    {
       int i, j, k = 0;
       int s = 0;
       for (i = 0; i < N; i ++)
       for (j = 0; j < N; j ++)
       if (i = = 0 | | i = = N − 1 | | j = = 0 | | j = = N − 1)  /* 只要下标中有一个为
       0 或 N − 1, 则它一定是周边元素 */
       { s = s + w [i] [j] * w [i] [j];  /* 将周边元素求平方和 */
       }
       return s;  /* 返回周边元素的平方和 */
```

```
    }
void main ( )
{
    int a [N] [N] = {0, 1, 2, 7, 9, 1, 11, 21, 5, 5, 2, 21, 6, 11, 1,
    9, 7, 9, 10, 2, 5, 4, 1, 4, 1};
    int i, j;
    int s;
    system ( "CLS" );
    printf ( " * * * * * The array * * * * * \ n" );
    for ( i = 0; i < N; i ++ )
    {for ( j = 0; j < N; j ++ )
    {printf ( "%4d", a [i] [j] );}
    printf ( " \ n" );
    }
    s = fun ( a );
    printf ( " * * * * * THE RESULT * * * * * \ n" );
    printf ( "The sum is : % d \ n", s );
}
```

第6章　指针参考答案

一、选择题

1 ~ 5	CBABD	6 ~ 10	BDCBC	11 ~ 15	BCBDC
16 ~ 20	BCDDA	21 ~ 25	DCCCC	26 ~ 30	BDABB
31 ~ 35	DDCAB	36 ~ 40	DCABA		

二、填空题

1. 地址　　NULL　　2. 元素 a [5] 的值

3. 元素 a [5] 的地址　　　　4. 2

5. 12　　12　　　6. 1

7. 8　　8

8. [1] num = * b　　[2] num = * c

9. [1] * (a + i) = * (a + j)　　[2] a + j

10.〔1〕'\0'　　　〔2〕s

11.〔1〕s + n − 1　　〔2〕p1 < p2

　　〔3〕p2 − −

12.〔1〕| |　　　　　〔2〕s〔j〕= '\0'

　　〔3〕item

13.〔1〕(s〔i〕= t〔i〕)! = '\0'　　〔2〕i ++

　　〔3〕a, b

14.〔1〕s〔i〕= = t〔i〕]　　　　　　　　〔2〕s〔i〕! = '\0'

　　〔3〕(s〔i〕= = '\0' &&t〔i〕= = '\0')? 1: 0

15.〔1〕p1 ++　　〔2〕*p2

　　〔3〕return (p)

16.〔1〕* *q　　　〔2〕language + k

17.〔1〕* (str + i)〔2〕i

18. 一个指针数组名

19. ptr 是指向函数的指针, 该函数返回一个 int 型数据

20. max

三、程序分析题

1. 1, 2, 3, 4, 5, 6, 7, 8, 9, 0,

2. 24　　　　　　　　3. 19

4. BCDEFG　　　　　5. b, B, A, b

6. 4　　　　　　　　7. 7, 8, 7

8. 9

四、编程题

1. 源程序代码如下:

```
strcmp (char *p1, char *p2)
{ int i;
  i = 0;
  while ( * (p1 + i) = = * (p2 + i))
    if ( * (p1 + i ++) = = '\0') return (0);
  return ( * (p1 + i) − * (p2 + i));
}
```

2. 源程序代码如下:

```
#include < stdio. h >
main ( )
{
```

```
    printf（"Input month：\ n"）；
    scanf（"%d"，&n）；
    if（（n<=12）&&（n>=1））
      printf（"It is %s."，*（month_ name+n））
    else
      printf（"It is wrong."）；
}
```

3. 源程序代码如下：

```
#include<stdio. h>
void main（）
{
    int mystrlen（char *str）；
    char str［256］；
    int len=0；
    printf（"Input a string:"）；
    gets（str）；
    len=mystrlen（str）；
    printf（"\"%s\" is %d. \ n"，str，len）；
}

int mystrlen（char *str）
{
    int ilen=0；
    while（str［ilen］! = '\0'）
        ilen++；
    return ilen；
}
```

4. 源程序代码如下：

/ *思路：在主函数中输入 10 个字符串，用另一个函数对它们进行排序，然后在主函数中输出这 10 个已排好序的字符串。首先要输入 10 个字符串，可用二维数组，排序的话可以用两个循环，比较可以用 strcmp 函数，最后用循环输出 10 个字符串。*/

```
#include "stdio. h"
#include "string. h"
#define N 10
void main（）
{
```

```
    void sort（char [ ] [20]）；
    char a [N] [20]；
    int i；
    printf（"input %d 个字符串：\ n"，N）；
    for（i = 0；i < N；i ++）
    gets（a [i]）；
    sort（a）；
    printf（"\ n \ n 排序后的结果为：\ n \ n"）；
    for（i = 0；i < N；i ++）
    puts（a [i]）；
}
void sort（char a [ ] [20]）
{
    char b [20]；
    int i，j；
    for（i = 0；i < N；i ++）{
    for（j = i + 1；j < N；j ++）{
    if（strcmp（a [i]，a [j]）> 0）{
    strcpy（b，a [j]）；
    strcpy（a [j]，a [i]）；
    strcpy（a [i]，b）；
    }
    }
    }
}
```

5. 源程序代码如下：

```
#include "stdio. h"
#define N 3
#define M 4
void main（）
{
    void findmax（int s [ ] [M]，int * maxi，int * maxj）；
    int i，j，a [N] [M]，maxi，maxj；
    printf（"请输入一个%d 行%d 列的数组：\ n"，N，M）；
    for（i = 0；i < N；i ++）
    for（j = 0；j < M；j ++）
    scanf（"%d"，&a [i] [j]）；
```

```
    findmax (a, &maxi, &maxj);
    printf ("此数组的最大值所在行是%d, 所在列是%d\n", maxi, maxj);

}
void findmax (int s [] [M], int *maxi, int *maxj)
{
    int i, j, max, *p;
    max = s [0] [0];
    p = &s [0] [0];
    for (i = 0; i < N; i++)
      for (j = 0; j < M; j++)
      {if (max < *p)
      {max = *p; *maxi = i; *maxj = j;}
      p ++;
      }
}
```

6. 源程序代码如下:

```
#include <conio. h>
#include <stdio. h>
#include <stdlib. h>
int fun (int *s, int t, int *k)
{
    int i;
    *k = 0; /*k 所指的数是数组的下标值*/
    for (i = 0; i < t; i++)
    if (s [*k] > s [i])
    *k = i; /*找到数组的最小元素, 把该元素的下标赋给 k 所指的数*/
    return s [*k]; /*返回数组的最小元素*/
}
void main ()
{
    int a [10] = {234, 345, 753, 134, 436, 458, 100, 321, 135, 760}, k;
    system ("CLS");
    fun (a, 10, &k);
    printf ("%d, %d\n", k, a [k]);
}
```

7. 源程序代码如下:

```
char * fun（char * s, char * t）
{
    int i, j;
    for（i=0；s［i］! = '＼0'；i++）；/* 求字符串的长度 */
    for（j=0；t［j］! = '＼0'；j++）；
    if（i < =j）/* 比较两个字符串的长度 */
    return s；/* 函数返回较短的字符串，若两个字符串长度相等，则返回第1个字符串 */
    else
    return t；
}
```

阶段复习（三）参考答案

1～5	DBBAC	6～10	CDCAD	11～15	DBCAA
16～20	CCDBA	21～25	BCABD	26～30	ABADA
31～35	BDADC	36～40	CAABB	41～45	CACDA
46～50	BDCBB				

第7章 结构体和共用体参考答案

一、选择题

1～5	CCDDD	6～10	DDCCC	11～15	DDDCA
16～20	DDDCB	21～25	CBDBC	26～30	CBBBB

二、填空题

1. ［1］max = person［i］. age   ［2］min = person［i］. age
   ［3］&&

2. Zhao

3. 12   6.0

4. struct node *

5. sizeof（struct node）

6.〔1〕p！＝NULL 〔2〕c++
〔3〕p－>next

7. 39   8. 4，8
    9

9. 第5行   10. 80

三、编程题

1. 源代码如下：

```
struct stu
{ int num；
  int mid；
  int end；
  int ave；
} s〔3〕；
main（ ）
{ int i；
  struct stu  *p；
  for（p＝s；p＜s+3；p++）
  { scanf（"％d％d％d"，&（p－>num），&（p－>mid），&（p－>end），
    &p－>ave＝（p－>mid+p－>end）/2）；
  }
  for（p＝s；p＜s+3；p++）
  printf（"％d％d％d％d\n"，p－>num，p－>mid，p－>end，p－>ave）；
}
```

2. 源代码如下：

```
#include "stdio. h"
typedef struct monkey
{ int no；
  struct monkey *head；
} monk；
void main（ ）
{ monk *list，*p，*q；
  int i，m，n；
  printf（"input m and n："）；
  scanf（"％d,％d"，&m，&n）；
  for（i＝1；i＜＝m；i++）
```

```
{ p = (monk * ) malloc (sizeof (monk));
  p - > no = i;
  if (i = = 1) list = p;
  else q - > hand = p;
  q = p;
}
q - > hand = list;
p = list;
while (p - > hand! = p)
{for (i = 1; i < n; i ++)
{q = p; p = p - > hand;}
q - > hand = p - > hand;
free (p);
p = q - > hand;
}
printf ("the monkey king's number is:%d \ n", p - > no);
}
```

3. 源代码如下:
```
double fun (STREC * h)
{
  double min = h - > s;
  while (h - > next! = NULL) /* 通过循环找到最低分数 */
  { if (min > h - > s)
    min = h - > s;
    h = h - > next;
  }
  return min;
}
```

4. 源代码如下:
```
main ()
{ enum color
    {red, yellow, blue, white, black};
  enum color i, j, k, pri;
  int loop, n;
  n = 0;
    for (i = red; i < = black; i ++)
      for (j = red; j < = black; j ++)
```

```
            if (i! = j)
              {for (k = red; k < = black; k ++)
               if ( (k! = i) && (k! = j))
                  {  n = n + 1;
                    printf ( "% -4d", n);
                    for (loop = 1; loop < = 3; loop ++)
                    {  switch (loop)
                      {  case 1: pri = i; break;
                        case 2: pri = j; break;
                        case 3: pri = k; break
                        default: break;

                    }
switch (pri)
{ casered: printf ( "% - 10s", "red"); break;
  caseyellow: printf ( "% - 10s", "yellow"); break;
  caseblue: printf ( "% - 10s", "blue"); break;
  casewhite: printf ( "% - 10s", "white"); break;
  caseblack: printf ( "% - 10s", "black"); break;
  default; break;
  }
  }
printf ( " \ n");
} }
printf ( " \ ntotal:%5d \ n", n);
}
```

5. 源代码如下:

```
double fun (STREC * h)
{
  double min;
  STREC * p;
  p = h;
  min = p - > s;
  p = p - > next;
  do
  {if (p - > s < min) min = p - > s;
  p = p - > next;
  } while (p - > next! = NULL);
```

```
        return min;
    }
```

第8章 文件的输入输出参考答案

一、选择题

1 ~ 5	ACBBD	6 ~ 10	CCDAC	11 ~ 15	CDDCD
16 ~ 20	DCCBB	21 ~ 24	CABB		

二、填空题

1. 顺序 、随机   2. 二进制、ASCII

3. 字节、流式   4. 50 * sizeof（structst）

5. ［1］fgetc（fp）！＝EOF   ［2］fclose（fp）

6. ［1］"a +"   ［2］rewind（fp）

   ［3］！＝NULL   ［4］flag＝0

   ［5］ferror（fp）＝＝0

7. ［1］stdin   ［2］stdout

   ［3］stderr

8. ［1］* fp1，* fp2   ［2］rewind（fp1）

   ［3］fgetc（fp1），fp2

9. ［1］FILE * fp   ［2］"aa. txt"，"a"

   ［3］fp，"data"

三、编程题

1. 源代码如下：

```
#include "stdio. h"
void main（ ）
{ FILE * fp; char fname［81］, ch1, ch2; long pos1, pos2;
    printf（"Input a C source filename: \ n"）; gets（fname）;
    fp = fopen（fname，"rb +"）;
    if（! fp）
    {printf（"% s file not found. \ n", fname）; return; }
    ch1 = fgetc（fp）;
```

```
while（! feof（fp））
{ch2 = fgetc（fp）; if（feof（fp）) break;
if（ch1 == '/' &&ch2 == '*'）pos1 = ftell（fp）- 2;
if（ch1 == '*' &&ch2 == '/'）
{pos2 = ftell（fp）- 1; fseek（fp, pos1, SEEK_ SET）;
for（; pos1 <= pos2; pos1 ++）fputc（' ', fp）;
fseek（fp, 0L, 1）;
}
ch1 = ch2;
}
fclose（fp）;
}
```

2. 源代码如下:

```
#include "stdio. h"
void main（）
{char s [81]; FILE *fp; char ch, *p;
fp = fopen（"B1. TXT", "a"）;
printf（"Input a string: \ n"）; gets（s）;
for（p = s; *p; p ++）fputc（*p, fp）;
fputc（'\ n', fp）;
fclose（fp）;
}
```

3. 源代码如下:

```
#include <stdio. h>
main（）
{
    FILE *fp;
    char ch;
    int num = 0;
    if（（fp = fopen（"file1. txt", "w"）) == NULL)
    {printf（"cannot open this file \ n"）; exit（0）; }
    while（（ch = getchar（）)! == '\ n'）fputc（ch, fp）;
    fclose（fp）;
    if（（fp = fopen（"file1. txt", "r"）) == NULL)
    {printf（"cannot open this file \ n"）; exit（0）; }
    while（（ch = fgetc（fp）)! = EOF)
        num ++ ;
```

```
        fclose（fp）;
        printf（"file1. txt 中的字符个数为:%d \ n"，num）;
    }
```

4. 源代码如下:

```
    #include < stdio. h >
    main（ ）
    {
        FILE ＊fp1，＊fp2;
        char ch;
        if（（fp1 = fopen（"file1. dat"，"r"））＝＝NULL)
        { printf（"cannot open file1. dat \ n"）;
            exit（0）;
        }
        if（（fp2 = fopen（"file2. dat"，"w"））＝＝NULL)
        { printf（"cannot open file2. dat \ n"）;
            exit（0）;
        }
        while（（ch = fgetc（fp1））！＝'\ n'）
        { if（ch >＝'a' &&ch <＝'z'）ch = ch - 32;
            fputc（ch，fp2）;
        }
        fclose（fp1）;
        fclose（fp2）;
    }
```

5. 源代码如下:

```
    #include < stdio. h >
    main（ ）
    {
        FILE ＊fp1，＊fp2，＊fp3;
        int i，j，n;
        char ch [30]，t;
        if（（fp1 = fopen（"file1. txt"，"r"））＝＝NULL)
        { printf（"cannot open file1. txt \ n"）;
            exit（0）;
        }
        if（（fp2 = fopen（"file2. txt"，"r"））＝＝NULL)
        { printf（"cannot open file2. txt \ n"）;
```

```c
        exit (0);
    }
    if ( ( fp3 = fopen ( "file3. txt", "w") ) = = NULL)
    { printf ( "cannot open file3. txt \ n");
        exit (0);
    }
    i = 0;
    while ( ! feof (fp1))
    { ch [i] = fgetc (fp1); i + + ;}
    i - - ;
    while ( ! feof (fp2))
    { ch [i] = fgetc (fp2); i + + ;}
    i - - ;
    ch [i] = '\0';
    n = i;
    for (i = 0; i! = n; i + +)
        for (j = i; j! = n; j + +)
            if (ch [i] > ch [j])
                {t = ch [i]; ch [i] = ch [j]; ch [j] = t; }
    printf ( "%s", ch);
    for (i = 0; ch [i]! = EOF; i + +)
            fputc (ch [i], fp3);

    fclose (fp1);
    fclose (fp2);
    fclose (fp3);
}
```

6. 源代码如下:

```c
#include < stdio. h >
main ( )
{ FILE * fp1, * fp2, * fp3;
  char str [81], ch = '\n';
  if ( ( fp1 = fopen ( "a1. txt", "r") ) = = NULL)
  {printf ( "file a1 cannot be opened \ n"); exit (0);}
  if ( ( fp2 = fopen ( "a2. txt", "r") ) = = NULL)
  {printf ( "file a2 cannot be opened \ n"); exit (0);}
  if ( ( fp3 = fopen ( "a3. txt", "w") ) = = NULL)
```

```
{printf（"file a3 cannot be opened \ n"）; exit（0）;}
while（！feof（fp1）&&！feof（fp2））
{
    fgets（str, 81, fp1）;
    fputs（str, fp3）;
        fgets（str, 81, fp2）;
    fputs（str, fp3）;
}
while（！feof（fp1））
{
    fgets（str, 81, fp1）;
    fputs（str, fp3）;
}
while（！feof（fp2））
{
    fgets（str, 81, fp2）;
    fputs（str, fp3）;
}
fclose（fp1）; fclose（fp2）; fclose（fp3）;
}
```

7. 源代码如下:

```
#include < stdio. h >
#define SIZE 8
struct worker_ type
{ int num;
  char name [10];
  int age;
  float pay;
} worker [SIZE];

void save（）
{ FILE *fp;
  int i;
  if（（fp = fopen（"worker. dat", "w"）） = = NULL)
  { printf（"cannot open worker. dat \ n"）;
    return ;
  }
```

```
    for (i = 0; i < SIZE; i ++)
    fprintf (fp,  "% d \ t% s \ t% d \ t% f \ n", worker [i]. num, worker [i].
    name, worker [i]. age, worker [i]. pay);
    fclose (fp);
    }


main ( )
{ int i;
    for (i = 0; i < SIZE; i ++)
    scanf ( "% d % s % d % f", &worker [i]. num, worker [i]. name, &worker
    [i]. age, &worker [i]. pay);
    save ( );

}
```

8. 源代码如下:

```
#include < stdio. h >
#define SIZE 3
struct worker_ type
{ int num;
    char name [10];
    int age;
    float pay;
} worker [SIZE];


void save ( )
{ FILE  * fp;
    int i;
    if ( (fp = fopen ( "worker. dat", "w"))  = = NULL)
    { printf ( "cannot open worker. dat \ n");
        return ;
    }
    for (i = 0; i < SIZE; i ++)
    fprintf (fp,  "% d \ t% s \ t% d \ t% f \ n", worker [i]. num, worker [i].
    name, worker [i]. age, worker [i]. pay);
    fclose (fp);
}
void add ( )
{ FILE  * fp;
```

```
    struct worker_ typeworker1;
    if ( (fp = fopen ( "worker. dat", "a")) = = NULL)
    { printf ( "cannot open worker. dat \ n");
        return;
    }
    printf ( "input a worker record: \ n");
    scanf ( "% d % s % d % f", &worker1. num, worker1. name, &worker1. age,
    &worker1. pay );
    fprintf (fp, "% d \ t% s \ t% d \ t% f \ n", worker1. num, worker1. name, work-
    er1. age, worker1. pay );
    fclose (fp);
}


main ( )
{ int i;

    for (i = 0; i < SIZE; i ++ )
    scanf ( "% d % s % d % f", &worker [i]. num, worker [i]. name, &worker
    [i]. age, &worker [i]. pay );
    save ( );
    add ( );
}
```

9. 源代码如下:

```
#include < stdio. h >
#define SIZE 10
struct worker_ type
{ int num;
    char name [10];
    int age;
    float pay;
} worker [SIZE];

main ( )
{ int i = 0;
    float max = 0;
    FILE * fp;
    if ( (fp = fopen ( "worker. dat", "r")) = = NULL)
    { printf ( "cannot open worker. dat \ n");
        exit (0) ;
```

```
    }
    do
    { fscanf (fp,    "% d% s% d% f", &worker [i]. num, worker [i]. name,
        &worker [i]. age, &worker [i]. pay );
        if (worker [i]. pay > max) max = worker [i]. pay ;
        i ++ ;
    } while (! feof (fp));
    printf ("num = % d, max = % f \ n", i - 1, max);
}
```

10. 源代码如下:

```
#include < stdio. h >
#define SIZE 100
struct worker_ type
{ int num;
    char name [10];
    int age;
    float pay;
} worker [SIZE], temp;

main ( )
{ int i = 0, j, n;
    float max = 0;
    FILE  * fp,  * fq;
    if ( (fp = fopen ("worker. dat", "r")) = = NULL)
    { printf ("cannot open worker. dat \ n");
        exit (0) ;
    }
    do
    { fscanf (fp,    "% d% s% d% f", &worker [i]. num, worker [i]. name,
        &worker [i]. age, &worker [i]. pay );
        if (worker [i]. age > 50) worker [i]. pay + = 50;
        i ++ ;
    } while (! feof (fp));
    n = i - 1;
    for (i = 0; i < n; i ++ )
        for (j = 0; j < n; j ++ )
            if (worker [i]. pay > worker [j]. pay )
            { temp = worker [i];
                worker [i]  = worker [j];
```

```
                    worker［j］=temp；
              }
      if（（fq=fopen（"w_ sort. dat"，"w"））.==NULL）
      { printf（"cannot open w_ sort. dat \ n"）；
        exit（0）；
      }
      for（i=0；i<n；i++）
          fprintf（fq，"% d \ t% s \ t% d \ t%f \ n"，worker［i］. num，worker［i］.
      name，worker［i］. age，worker［i］. pay）；
      fclose（fp）；
      fclose（fq）；
}
```

11. 源代码如下：

```
#include < stdio. h >
#define SIZE 3
struct worker_ type
{
    char name［10］；
    int num；
    char sex；
    int age；
    char address［20］；
    float pay；
    char health［10］；
    char study［10］；
} worker［SIZE］；

void fun（）
{ FILE * fp，* fq；
  int i；
  if（（fp=fopen（"employee. dat"，"w"））==NULL）
  { printf（"cannot open employee. dat \ n"）；
    return；
  }
  for（i=0；i<SIZE；i++）
  fprintf（fp，"% s % d % c % d % s %f % s % s \ n"，worker［i］. name，worker
  ［i］. num，worker［i］. sex，
  worker［i］. age，worker［i］. address，worker［i］. pay，worker［i］. health，
  worker［i］. study）；
```

```
            if （ （fq = fopen （ "salary. dat"， "w"））  = = NULL）
            ｛ printf （ "cannot open salary. dat \ n"）;
              return ;
            ｝
            for （i = 0; i < SIZE; i ++）
            fprintf （fq， "% s % f \ n"， worker ［i］. name， worker ［i］. pay）;
            fclose （fp）;
            fclose （fq）;
        ｝
      main （ ）
      ｛ int i;

        for （i = 0; i < SIZE; i ++）
        scanf （ "% s % d % c % d % s % f % s % s"， worker ［i］. name， &worker ［i］.
        num， &worker ［i］. sex，
        &worker ［i］. age， worker ［i］. address， &worker ［i］. pay， worker ［i］.
        health， worker ［i］. study ）;
        fun （ ）;

      ｝
```

12.

```
    int fun （ STREC ∗ a， STREC ∗ b， int l， int h ）
    ｛
      int i， j = 0;
      for （i = 0; i < N; i ++）
        if （a ［i］. s > = l && a ［i］. s < = h）
          b ［j ++］ = a ［i］;
          return j;
    ｝
```

阶段复习（四）参考答案

1 ~ 5	DCBBB	6 ~ 10	BAACA	11 ~ 15	CCBCB
16 ~ 20	DADBD				